# 地质环境与可持续发展研究

王仁刚　邱大鲁　李明厚　著

哈尔滨出版社
HARBIN PUBLISHING HOUSE

**图书在版编目（CIP）数据**

地质环境与可持续发展研究 / 王仁刚, 邱大鲁, 李
明厚著. -- 哈尔滨：哈尔滨出版社, 2025. 1. -- ISBN
978-7-5484-8028-0

Ⅰ. P5

中国国家版本馆CIP数据核字第2024T1K874号

书　　名：**地质环境与可持续发展研究**
DIZHI HUANJING YU KECHIXU FAZHAN YANJIU

作　　者：王仁刚　邱大鲁　李明厚　著
责任编辑：刘　硕
封面设计：蓝博设计

出版发行：哈尔滨出版社（Harbin Publishing House）
社　　址：哈尔滨市香坊区泰山路82-9号　　邮编：150090
经　　销：全国新华书店
印　　刷：永清县晔盛亚胶印有限公司
网　　址：www.hrbcbs.com
E-mail：hrbcbs@yeah.net
编辑版权热线：（0451）87900271　87900272
销售热线：（0451）87900201　87900203

开　　本：787mm×1092mm　1/16　印张：10.25　字数：220千字
版　　次：2025年1月第1版
印　　次：2025年1月第1次印刷
书　　号：ISBN 978-7-5484-8028-0
定　　价：68.00元

凡购本社图书发现印装错误，请与本社印制部联系调换。
服务热线：（0451）87900279

# 前 言

Preface

随着人类社会的不断发展，地质环境问题逐渐成为制约可持续发展的瓶颈。地球是我们赖以生存的唯一家园，而地质环境则是维系这个家园生命系统的基石。因此，深入研究地质环境与可持续发展之间的关系，探讨科学合理的地质资源开发与利用模式，加强地质环境保护与治理，成为当今时代亟待解决的重要议题。

本书旨在全面系统地探讨地质环境与可持续发展之间的关联，深入剖析地质资源的开发与利用对环境的潜在影响，提出科学的监测与评价方法，为构建可持续发展的地球社会提供理论与实践指导。第一章首先介绍地质环境对可持续发展的重要性，明确地质环境作为生态系统的关键组成部分，在可持续发展中扮演的不可或缺的角色。同时，通过对地质资源利用与环境影响、地质灾害对可持续发展的挑战的细致分析，呼吁人们加强对地质环境的认识与保护。第二章深入研究地质资源开发与环境效应，探讨地质资源开发的现状与趋势及其对环境的影响，重点关注地质资源可持续开发与利用策略，提出在资源开发中追求经济效益的同时，如何最大限度地减少对环境的不利影响。第三章聚焦于地质环境监测与评价，详细介绍地质环境监测技术与方法，建设地质环境评价指标体系，并提出地质环境风险评估与预警机制。这一章旨在为科学决策提供可靠的数据支持，以保障地质环境的稳定性与可持续性。第四章致力于地质灾害防治与可持续发展，对地质灾害的类型、形成机制进行深入分析，提出监测预警与防治技术，探讨地质灾害治理与重建模式，以确保社会的安全与可持续发展。第五章将地质环境与国土规划相结合，从土地资源合理利用与保护规划、地质环境保护与城乡规划融合、地质灾害风险区划与规划布局等方面提出科学合理的规划建议，为国土资源可持续利用提供战略性思考。第六章从地质工程与环境保护角度，介绍岩土工程在环境保护中的应用，探讨地下水资源保护与地下工程，以及地质工程技术创新与可持续发展。第七章关注地球科学与可持续发展教育，强调地质科普与公众环保意识培养，提出地球科学与可持续发展教育融合，并谈到环境地质学知识在教育中的应用，为培养具备可持续发展意识的人才奠定基础。最后，第八章着眼于地质环境与可持续发展制度，介绍地质资源管理制度与法规体系建设，探讨地质环境保护制度与可持续发展规划，并对政策实施效果进行评价，为政府决策提供参考。

在全书的编写过程中，我们力求理论与实践相结合，旨在为广大读者提供一本深度了解地质环境与可持续发展关系的参考书。希望通过阅读这本书，读者能够更好地认识到地质环境的重要性，增强对可持续发展的责任感，并为构建人与自然和谐共生的美好未来贡献自己的智慧与力量。

# 目 录

Contents

# 第一章 地质环境与可持续发展概述

## 第一节 地质环境对可持续发展的重要性

### 一、地质环境的定义与范畴

#### （一）地质环境的概念

地质环境，作为一个动态的系统，涵盖了地球表面上多种自然要素的相互作用，从地壳物质到水体、大气、生物等，交织成错综复杂的网络。

1.地质环境的基本要素

地质环境的基本要素构成了一个复杂而相互关联的系统，涵盖了地球表面的多个层面。首要的基本要素之一是地质体的结构与岩性。地质体包括岩石、矿物和其他地质构造，其结构和岩性对于地表地貌、地下水运动和土壤性质等产生深刻的影响。不同地质体的分布和性质形成了地球多样化的地质环境。岩石的种类和排列方式直接影响地表的地形和地貌，通过地质体的结构，我们可以深入理解地球的演化历史和地质过程。

地表地貌与地形是地质环境的外在表现，包括山脉、平原、河流、湖泊等。这些地形特征的形成与地质体的结构和地质作用密切相关，直接影响水文循环、植被分布及生态系统的格局。山脉的形成可能与构造活动有关，而河流和湖泊则是地表水循环的产物。地表地貌与地形的复杂性为生态系统的形成和演化提供了多样的生境，塑造了地球独特的自然风景。

地下水与土壤作为地质环境的关键要素，直接关系到生态系统和人类社会的可持续发展。地下水的分布受到地质体的渗透性、断裂带等因素的影响，而土壤的性质则与地质体的岩性、风化程度等紧密相连。地下水是维持植被生长、保护生态系统平衡的重要组成部分，而土壤则是植物生长的基础。了解地下水和土壤的特性有助于科学合理地进行土地利用规划，维护水土资源的可持续利用。

自然资源的分布是地质环境中一个至关重要的方面，涉及矿产、石油、天然气等多种资源。这些资源的形成与地质过程、地质体的性质密切相关。对自然资源的科学认识是制定资源开发策略的前提，也关乎人类社会的经济结构和发展方向。地球内部的矿产资源丰富度和分布格局与地质体的构造、岩性等有密不可分的联系，这为资源勘查和开发提供了深刻的依据。

2. 地质环境的动态演化

地球自形成以来，经历了漫长而丰富多彩的演化历史，地质环境的动态演化成为这一历史进程中的关键组成部分。地球演化的历史与过程对地质环境产生了深远的影响。地球的形成经历了凝聚、分层和演化等过程，形成了我们今天所熟知的地球结构。从地球的原始形态到现今的复杂地质体系，这一演化过程不仅塑造了地质环境的基本格局，同时也为生态系统的形成提供了丰富的条件。

然而，随着人类社会的不断发展，人类活动对地质环境的影响也日益显著。工业化、城市化和农业活动等人为因素改变了地球原有的动态平衡。大量的土地沙漠化、水土流失及地质灾害的频发，无不彰显出人类活动对地质环境产生的深刻影响。人类过度开采自然资源，大规模的土地利用变化及排放大量工业废物和温室气体，导致了全球范围内的生态系统紊乱，加速了地球表面的动态变化。

在这个背景下，地质环境的动态演化成为全球环境科学研究的一个重要方向。通过深入分析地球演化历史，我们可以更好地理解地质环境的形成机制，为环境保护和可持续发展提供科学依据。同时，对人类活动对地质环境的影响进行深刻研究，有助于制定科学的环境管理政策，减缓人类活动对地球的负面影响。

对地球演化历史的认知不仅为人类了解地质环境提供了丰富的背景知识，还为预测未来的地质环境演变趋势提供了参考。了解地球演化的自然规律，有助于人类更好地适应未来的环境变化，降低自身对地质环境的负面影响。

## （二）地质环境的范畴

地质环境的范畴极为广泛，它涉及地球表面上多个相互交织的层面，包括岩石圈、水圈、大气圈和生物圈等多个要素。岩石圈作为地球表面的硬质外壳，构成了地壳的基本框架，对地表的地貌和地形产生深刻的影响。不同岩石的性质、分布及构造形式塑造了地球多样化的地形，从高山到深谷，形成了丰富多彩的地貌景观。

水圈是地质环境中至关重要的一环，包括地下水和地表水。地下水通过岩石圈中的孔隙和裂隙流动，直接关系到土壤湿度和植被分布，影响着生态系统的稳定性。地表水如河流、湖泊等则构成了水循环的一部分，为生物提供生存空间，也是人类社会生产生活的重要水源。

大气圈是地质环境中的气候与气象条件的重要来源。大气中的气体和气象系统直接影响地球上的生态系统。气候变化、降水分布等都受大气圈的调控，对植被生长、动物迁徙等生态过程有深远的影响。大气中的气象条件还关系到人类社会的日常生活，如气温、降水等对农业、能源利用等方面产生直接影响。

生物圈与其他圈层相互交织，形成了生态链条。生物圈包括了地球上所有的生命体，从微生物到大型动植物，它们与岩石、水和大气相互依存，构成了一个庞大而复杂的生态系统。生物圈中的各种生物在地质环境中发挥着重要的作用，包括氧气的产生、土壤的形成等，同时它们也受到地质环境的制约和影响。

这些圈层不是孤立存在的，而是紧密相连、相互作用的，构成了地质环境这个综合性的系统。岩石圈、水圈、大气圈和生物圈之间的相互关系影响着地球表面的动态平衡，而这种平衡又是人类社会生存和发展的基础。因此，深入理解地质环境的多层次要素及其相互作用，对于实现可持续发展和生态平衡至关重要。这一综合性的研究不仅为地球科学提供了新的研究视角，也为解决全球环境问题提供了学术上的深刻见解。

## 二、可持续发展的概念与原则

### （一）可持续发展的定义

可持续发展，作为一种发展理念和战略目标，强调在满足当前世代需求的前提下，不损害子孙后代满足其需求的能力。这一理念的核心在于追求经济、社会和环境的协调发展，以确保社会的长期稳定进步，同时维护自然生态系统的平衡。

从经济角度看，可持续发展意味着在经济增长的同时，更加注重资源的合理利用和分配。传统的经济增长往往伴随着资源过度开发和环境污染，而可持续发展则要求在经济活动中充分考虑环境和社会的影响，实现经济效益的同时降低对自然资源的依赖。这种经济的可持续性，旨在避免资源枯竭和环境破坏，为未来提供更为稳固的经济基础。

社会方面，可持续发展强调社会的包容性和公正性。它要求在经济增长的过程中，确保社会中弱势群体的权益得到充分保障，减少社会不平等和贫困。社会的可持续发展还包括提供高质量的教育、医疗和就业机会，以及建立强健的社会制度，确保社会稳定和人民的福祉。

在环境方面，可持续发展强调生态系统的健康和稳定。它要求在经济和社会活动中，采取措施减少对自然环境的负面影响，促进资源的循环利用，减缓气候变化，保护生物多样性。这种对环境的关注，旨在实现人类与自然的和谐共生，确保地球的可持续生存。

### （二）可持续发展的原则

1.经济、社会与环境三位一体

（1）经济可持续发展

经济、社会与环境三位一体是可持续发展的核心原则之一。在经济可持续发展方面，我们强调的是在追求经济增长的同时，要考虑社会公正和环境健康。经济活动的发展应当注重资源的合理利用，减少对自然环境的负面影响。这意味着在生产和消费中要采取可持续的技术和模式，避免过度开采自然资源，减少污染和废弃物的产生。同时，经济的发展也要注重社会的参与和利益分配，确保经济增长不仅仅造福一部分人群，而是要惠及整个社会。

（2）社会可持续发展

社会可持续发展原则强调社会公正与人的福祉。在社会层面，可持续发展要求我们关注社会的公平性，减少社会不平等现象。这包括提供平等的教育机会、促进就业机会平等分配、维护基本人权和社会公正等方面。社会可持续发展还涉及卫生、医疗和社会福利等方面的问题，确保人民的基本需求得到满足。同时，社会的参与和合作也是实现社会可持续发展的关键，鼓励社会各界共同参与决策和问题解决，形成社会共识，促进社会的长期稳定。

（3）环境可持续发展

环境可持续发展原则强调生态系统的健康和稳定。在环境层面，可持续发展要求我们在各种活动中保护自然环境，减缓气候变化，维护生物多样性。这包括采用清洁能源、减少温室气体排放、保护生态系统和野生动植物等。环境可持续发展还要求在城市规划和建设中考虑生态环境，推动循环经济发展，减少对自然资源的依赖。

2.跨世代公平原则

跨世代公平原则强调当前世代的发展不应损害未来世代的权益，要保障资源的代际传承。这意味着我们在利用自然资源时要考虑到资源的可再生性和可持续性，确保资源的使用不超过自然恢复的能力。这也包括对环境的污染和破坏的防控，以免将环境问题留给后代。跨世代公平原则要求我们在制定政策和规划发展方向时要考虑未来的可持续性，不仅为当前社会创造繁荣，还要为子孙后代留下良好的发展条件。

3.综合性原则

综合性原则突显可持续发展是多维度的，既要关注生态环境的可持续性，也要关注社会和经济的可持续性。这一原则要求我们在决策和实践中要全面考虑各方面的因素，避免片面追求某一方面的发展而牺牲其他方面的利益。综合性原则提醒我们要在经济发展、社会公正和环境健康之间找到平衡点，追求全面的可持续性发展。

## 三、地质环境与生态系统的关联

### （一）地质环境与生态系统的互动

地质环境与生态系统之间的紧密互动是地球上自然系统复杂性的一个重要体现。地壳的结构和岩石成分直接塑造了地球表面的地形和地貌，同时对土壤的性质产生深刻影响。这种影响进而传导至植被的分布和生态系统的形成，形成了一个相互关联、相互依赖的生态链。

地壳的结构多样性导致了地球表面的多样性，从而影响了不同地区土壤的形成和特性。岩石的种类、构造形式及地质过程的活动直接决定了土壤中矿物质的组成和分布。一方面，不同类型的岩石可能会释放出不同的元素，影响土壤的化学性质；另一方面，地质过程中的断裂和抬升作用也影响土壤的物理结构和排水性能。这些土壤的差异性直接影响着植被的适应性和分布。

土壤的性质对植被的生长和分布起着决定性作用。不同类型的土壤为植物提供的养分有差异性。一些土壤可能富含某些特定元素，促进植物的健康生长；而另一些土壤可能缺乏某些关键养分，对植被的生长造成限制。此外，土壤的排水性能也直接关系到植被的水分获取，影响着植被的分布格局。

植被的分布和生态系统的形成受到地质环境的影响是多层次的。从局部来看，地质条件直接决定了某一地区植被的类型和多样性。例如，酸性土壤可能更适合松树等耐酸性植物的生长，而中性土壤可能更有利于草本植物的繁荣。从更宏观的角度来看，地壳的大尺度结构和构造特征也在全球范围内塑造了生态系统的格局，如山脉、平原和河流的形成直接影响了地球上的生态多样性。

生态系统的形成不仅仅是地质环境对植被的直接影响，还涉及更为广泛的相互关系。植被通过光合作用产生氧气，影响大气的气候条件；根系结构对土壤的保持和水分循环有直接作用；不同植物之间的竞争和相互依存关系也影响着生态系统的稳定性。地质环境为生态系统提供了物质基础，而生态系统的运行也在一定程度上调节着地质环境的动态平衡。

**（二）地质环境对生态系统的影响**

地质环境对生态系统的影响是一种深刻而多层次的影响，涵盖了土壤形成、水资源分布及地貌特征等多个方面。这种影响不仅体现在局部植被的生长状况上，还对整个生态系统的结构和功能产生深远影响。

1.土壤形成与质地

（1）土壤形成的地质因素

土壤是生态系统中至关重要的组成部分，而不同地质环境下的土壤形成受到多种地质因素的影响。地质体的岩石类型直接决定了土壤中的矿物成分，而不同的矿物成分对土壤的质地、颜色有着显著影响。例如，在火山岩区域，土壤可能富含矿物质，具有良好的肥力；而在石灰岩地区，土壤可能呈碱性，影响着植物的适应性。

（2）土壤对植被的影响

土壤的质地、养分含量和排水性直接影响着植物的根系生长和养分吸收。沙质土壤可能导致水分迅速渗透，使得植物更容易受到干旱的影响；而黏土质土壤可能使得排水较差，导致水分滞留，增加植物根系腐烂的风险。此外，土壤中的养分含量也直接关系到植被的生长状况，贫瘠的土壤可能限制植物的生长，从而影响整个生态系统的稳定性。

2.地质体的构造对水资源的影响

（1）地下水的形成与分布

地下水是维持生态系统水分平衡的重要组成部分。地质体的构造对地下水的形成与分布有着直接的影响。例如，在褶皱山区，构造运动可能导致裂隙和岩层的变化，影响地下水的储存和运移。这种地下水的形成与分布与植被的水分供应密切相关，进而影响整个生态系统中水分的可利用性。

（2）地质体对水质的影响

地质体的构造也会影响地下水中的矿物质含量，从而影响水质。例如，在含有石灰岩的地质体中，地下水可能富含溶解的矿物质，形成硬水，影响植物对水分的吸收，也可能对水生生物产生影响。因此，地质体的构造变化可能对水资源的质量产生深远的影响，直接关系到生态系统中水生生物的生存状况。

3.地质地貌对生态景观的塑造

（1）山脉、平原、河流对植被的影响

地质地貌是地球表面的突出特征，包括山脉、平原、河流等。这些地貌特征直接影响着植被的分布、动植物的迁徙及整个生态系统的结构。在山脉地区，地形复杂，植被可能呈现垂直分布，形成不同海拔上的生态系统；而平原地区可能形成广阔的植被带，适宜农业和人类居住。

（2）地质地貌与生态景观

地质地貌还直接塑造了生态景观。例如，河流的存在导致了河谷地区生态系统的形成，形成丰富的水生生物和湿地生态系统。各种地貌特征的组合和相互作用形成了地球上丰富多彩的生态景观，如湿地、草原、沙漠等，这些景观不仅直接影响动植物的栖息地，还对整个生态系统的物质循环和能量流动产生深刻影响。

### （三）生态系统对地质环境的响应

生态系统通过一系列生态过程对地质环境产生积极的影响，通过植被覆盖、根系固土、水循环等机制维护着地球表面的稳定性和可持续性。

植被覆盖是生态系统对地质环境响应的重要方面。植物通过光合作用吸收二氧化碳，释放氧气，维持大气中气体的组成，这对缓解温室效应起到重要作用。此外，植被的密集覆盖可以防止水土流失，减轻地表径流对土壤的侵蚀，保护土壤质地和结构。树木的根系能够深入土壤，固定土壤颗粒，防止风蚀和水蚀，维持土壤的稳定性。

根系固土不仅有助于土壤的保持，也对水循环产生影响。植物的根系能够在土壤中形成通道，促进雨水渗透到地下，补充地下水资源。此外，植物通过蒸腾作用将土壤中的水分转移到大气中，促使水循环的进行。这一生态过程调节着降水分布，有助于形成适宜的水资源分布格局，对于生态系统的健康运行至关重要。

水循环是地球上生态系统与地质环境互动的另一个重要环节。植物通过蒸腾作用将水分从土壤中吸收，经由根系、茎和叶子的输送，最终释放到大气中。这一过程有助于调节土壤水分，保持水分平衡。同时，蒸腾作用还能降低植被表面的温度，减缓土壤水分的蒸发速度，对抵御干旱和维持生态系统稳定性具有重要意义。

# 第二节　地质资源利用与环境影响

## 一、主要地质资源类型及其利用现状

### （一）矿产资源的类型及开发现状

1.金属矿产资源

（1）有色金属矿产

有色金属矿产主要包括铜、铝、镍、锌等。全球范围内，这些矿产资源的开发已经进入深度阶段。例如，铜资源的高效提取技术逐渐成熟，同时由于人们对绿色环保的需求上升，再循环利用技术也得到广泛应用，这使得有色金属矿产的可持续开发水平大幅提升。

（2）黑色金属矿产

黑色金属矿产主要包括铁矿石、锰矿等。全球范围内，铁矿石资源一直是各国重要的经济来源。然而，随着高品质铁矿石的逐渐枯竭，对低品质铁矿石的深度加工和提纯技术的研究成为当前的热点。此外，锰矿的开发也逐渐备受关注，因为锰在新能源电池、环保技术等方面的应用日益增多。

2.非金属矿产资源

（1）能源矿产

能源矿产主要包括煤炭、石油、天然气。全球对于煤炭的依赖度逐渐减弱，而对于清洁能源的需求不断增加。因此，石油和天然气的开发逐渐成为能源产业的重中之重。油气勘探技术的进步，海底油气资源的开发，以及可再生能源的逐渐崛起，都在改变着全球能源矿产的开发格局。

（2）建筑材料矿产

建筑材料矿产主要包括水泥、石灰石、石膏等。全球建筑行业的快速发展促使了建筑材料矿产的广泛开发。然而，这对于资源的可持续性利用提出了更高的要求。矿渣综合利用、水泥生产的碳减排等技术逐渐成为关注焦点。

**（二）水资源的开发利用**

1.水资源类型

（1）地表水资源

地表水资源主要包括江河湖泊、水库等。全球范围内，地表水资源的开发利用一直是水资源管理的关键。大型水利工程的建设，如三峡工程、亚马孙河流域的治理，极大地促进了地表水资源的合理利用。

（2）地下水资源

地下水资源是重要的补给水源。随着城市化进程的加速，地下水资源的过度开采成为一个严重问题。科学合理的地下水管理和保护措施的实施，成为当前水资源管理的重要课题。

2.水资源的开发利用现状

全球水资源分布不均，一些地区面临严重的水资源短缺问题，而另一些地区则面临洪涝灾害。因此，水资源的跨区域调配和合理利用成为解决水资源问题的重要途径。先进的水资源管理技术，如智能水务系统、水资源信息化管理系统，正逐渐应用于水资源的科学管理与合理利用中。

**（三）土壤资源的农业利用**

1.土壤资源类型

（1）耕地资源

耕地资源是农业生产的基础，直接关系到粮食和农产品的产量。全球范围内，耕地资源的科学利用备受关注。采用精细化管理技术、土壤改良技术等手段，提高土壤质量和农作物产量，成为当前农业发展的重要方向。

（2）水湿地资源

水湿地资源对于稻米等水稻作物的生产至关重要。全球湿地资源的保护与恢复成为生态农业的重点。科学合理的湿地农业模式的推广，有望提高农田的生产力，并减缓土壤资源的退化。

2.土壤资源的农业利用现状

当前，全球农业正面临着资源利用效率的提升和环境友好型农业的发展的问题。通过科学合理的土壤管理，如有机肥的运用、耕作制度的优化，实现土壤资源的可持续利用成为当前农业发展的迫切需求。与此同时，精准农业技术的应用，使得农业生产更加智能化、高效化。

## 二、地质资源开发对水、土壤、空气等环境的影响

### （一）对水资源的影响

矿产资源的开发和加工过程对水资源的需求巨大，这主要体现在挖掘矿石、提炼金属、清洗矿石等环节中。在这些活动中，水扮演着至关重要的角色，然而，这也导致了大量水资源的消耗。尤其是在矿区的排放和废水处理过程中，大量化学物质的释放对水体质量构成潜在威胁。

首先，矿石的挖掘阶段涉及大量用水。水被用于降低矿石的黏附性，减轻其运输过程中的摩擦，同时，我们还需要水来控制尘埃的产生。这些活动不仅对水资源量提出了高要求，而且可能导致附近水源的短期内急剧减少。

其次，金属的提炼过程同样对水资源有着重要需求。例如，冶炼矿石时，水用于冷却和稀释熔融金属，以确保生产线的正常运行。这些流程中产生的废水可能含有高浓度的重金属和其他有害物质，这些废水一旦排放到周边水体中，可能导致水质污染，威胁到水生生物的生存和整个水生态系统的平衡。

此外，在矿区的废水处理过程中，由于废水含有大量化学物质，处理时可能面临一定的技术难题。一些有毒物质难以完全去除，使得废水处理的成本和难度进一步增加。这可能导致一些矿区选择直接排放废水，而不经过充分处理，从而对周边水域造成潜在威胁。

### （二）对土壤资源的影响

矿区的大规模挖掘和矿石处理对土壤资源带来了深远的影响，主要表现为土壤的破坏和污染。挖掘活动不仅破坏了地表的覆盖层，也暴露了原本应该得到保护的土壤层，从而容易引发水土流失和沙漠化的问题。这对土壤结构和质地造成直接破坏，使其失去原有的保护层，进而陷入易于侵蚀和侵蚀的状态。

特别值得注意的是，矿石中所含有的有害元素在开采和处理过程中可能被释放到土壤中，对土壤质量产生不良影响。这些有害元素包括重金属等对生态系统和人体健康有潜在危害的成分。它们可能通过排放、渗漏、气溶胶沉降等途径进入土壤环境，对土壤生态系

统造成长期的污染。

土壤污染的影响不仅限于土壤本身，还波及当地的农业生产和整个生态系统的恢复。有害元素的积累可能对作物生长产生不利影响，限制了当地农业的发展。同时，这些元素还可能通过食物链传递，对人类健康构成威胁。在生态系统层面，土壤污染可能导致植物的死亡或减少，影响土壤微生物的活动，破坏生态平衡，甚至导致一些物种的灭绝。

因此，为了减缓矿区对土壤资源的负面影响，我们需要采取一系列有效的措施，包括但不限于，实施合理的土地复垦计划，推广绿色采矿技术，加强土壤监测和治理工作，以及建立健全的法规政策体系。这些措施的实施将有助于减少土壤资源的破坏和污染，促进矿区的可持续发展，同时保护土壤生态系统的健康和完整。

### （三）对空气资源的影响

矿产资源的开采和加工对空气质量产生了直接和间接的影响，引发了一系列大气环境问题。开采过程中产生的粉尘、挥发性有机物（VOCs）等大气污染物对空气质量造成显著影响。这些污染物不仅污染了空气，还可能对人体健康产生潜在危害。

开采活动中产生的粉尘是一个主要的空气污染源，特别是在露天开采的过程中。这些粉尘颗粒在空气中悬浮，形成可见的空气浑浊。粉尘的存在不仅直接降低了空气质量，还可能导致呼吸系统疾病和其他健康问题，对居民的生活质量产生负面影响。

此外，挥发性有机物的释放也是矿产资源开采过程中的一个重要问题。这些化合物包括苯、甲烷等有机气体，它们具有挥发性和毒性，不仅对空气质量构成威胁，还可能引发一系列的环境问题，如光化学臭氧生成和细颗粒物形成。

矿石中含有的硫、氮等元素在加工过程中可能通过燃烧和排放形成酸雨。这种酸性降水不仅对大气环境产生负面效应，还可能对远距离的土壤和生态系统造成长期的影响。酸雨对土壤的酸化可能导致土壤中有害元素的释放，影响植物生长，进而破坏生态平衡。

# 第三节　地质灾害对可持续发展的挑战

地质灾害是地球自然环境中的一种突发性事件，包括但不限于地震、泥石流、滑坡、火山喷发等。这些灾害对可持续发展构成严重挑战，涉及环境、社会、经济等多个方面。

## 一、地质灾害对环境的破坏

### （一）地震对环境的破坏

1.地震导致的地表裂缝和变形

地震是地球内部能量释放的结果，其震动在地表产生一系列的地质变形。其中，最为显著的效应之一就是地表裂缝和变形。地震导致的地表裂缝和变形是复杂而严重的地质现象，对地表地貌和土壤稳定性都带来了深远的影响。

地震引发的地表裂缝是由地壳内部的岩石发生断裂而产生的。当地震波传播至地表时，它们可以引起地层中的岩石断裂，形成明显的裂缝。这些裂缝通常是沿着断层线或地质构造线的方向延伸的，其宽度和深度取决于地震的震级和震源深度。裂缝的形成不仅会改变地表的外观，还会影响土地的结构和稳定性。

地震导致的地表变形主要包括抬升、沉降、水平错位等多种形式。这种变形是由于地震波传播时使地壳发生弹性变形，产生相对运动。抬升和沉降是指地表在地震中上升或下降的过程，这种过程可能会导致地表特征的改变，如河流流向的变化、湖泊水位的升降等。水平错位则表现为地表在地震中发生横向位移，即相邻区块之间产生水平位移，这也是地表裂缝形成的原因之一。

地表裂缝和变形对土壤的稳定性造成了直接的威胁。裂缝可能导致土壤层的破碎和分离，使得土地失去了原有的完整性。这种土壤的破碎不仅影响了土壤的肥力和透水性，还可能引发土壤侵蚀和水土流失等环境问题。此外，地表变形也对建筑物和基础设施造成了损害，增加了地震灾害的破坏程度。

2.地震引发的次生灾害：滑坡和泥石流

地震引发的地表裂缝不仅在地形上留下痕迹，还可能诱发一系列严重的次生灾害，其中包括滑坡和泥石流。这些次生灾害在地震后往往以惊人的破坏力表现，对地表地貌、植被覆盖和土地生态系统造成深刻影响。

地震导致的地表裂缝在一定程度上改变了地形，剧烈的震动使得原本相对稳定的山坡和斜坡失去平衡。这种地质变化为滑坡的发生创造了条件。滑坡是指在地震震动的作用下，陡峭的山坡或山脚斜坡发生塌方，导致大量的土壤、岩石和植被沿着坡面滑动。滑坡的发生不仅直接损害了土地的稳定性，还可能阻塞河道、道路等交通要道，对人类居住区域和基础设施构成威胁。

泥石流是地震引发的另一种严重次生灾害。地震震动导致的土壤破碎和地势变动，使得陡峭山坡上的大量泥土、岩石和植被被带入河流形成泥石流。泥石流的流动速度极快，具有强大的冲击力，可以将沿途的一切障碍物带走。泥石流对河道和谷地的冲刷和侵蚀作用极大，造成的淤积和破坏对当地的水资源和土地利用产生长期的负面影响。

这些次生灾害直接破坏了原有的植被覆盖，对土地的生态平衡产生了极大的影响。植被在山坡上扮演着稳定土壤的角色，减缓水分的流失，而次生灾害导致的植被破坏加速了水土流失的过程。此外，滑坡和泥石流带来的大量泥土和岩石也可能对下游的农田、水源地等造成严重的污染，影响当地的农业生产和水资源利用。

3.地震释放的地下水影响水资源

地震释放的地下水是地震灾害中一个常被忽视但十分重要的方面。地震的震动过程可能引起地下水位的显著变化，这一变化直接影响了地下水的分布和流动，对周边地区的水资源产生显著的影响。

首先，地震震动可能导致地下水位升高或降低。在地震的过程中，地壳的变形和裂缝可能会导致地下水的上升或下降。地震引发的地壳位移和断层活动可能会改变原有的水文地质条件，使得一些深层水源被推升至地表，或者导致原本靠近地表的水源下降到较深的地下。这种变化直接影响了地下水的有效开采和利用，特别是对依赖浅层地下水的农田灌溉和地表水补给的地区。

其次，地震可能改变地下水的流动路径。地震引发的地壳运动和裂缝形成可能导致地下水流动路径的变化，使得原本稳定的水文地质结构发生变化。这对地下水资源的分布和可利用性产生了直接的影响，尤其是在地震活跃区域。水资源管理者需要认识到地震对地下水流动路径的影响，以便更有效地进行水资源规划和管理。

另外，地震释放的地下水也可能引起地下水污染的风险。地震震动可能导致地下水中固体颗粒的悬浮和混合，甚至使得地下水中的化学物质释放。地下水污染的风险会增加对农业、工业和居民用水的威胁，对水质和生态系统产生不良影响。

### （二）火山喷发引起的生态破坏

#### 1.岩浆和火山灰对土地的直接威胁

火山喷发是地球表面常见的自然灾害之一，其释放的岩浆和火山灰对周边土地构成直接而极具破坏力的威胁。岩浆和火山灰所带来的高温、腐蚀性质及覆盖性等，对土地的影响深远，对土地的生态系统和土地利用带来了巨大挑战。

首先，岩浆的高温是对土地的直接威胁之一。火山岩浆具有高温性质，温度可达数百至千度以上。当岩浆接触到土地时，其高温将导致土地的生态环境受到瞬时的极大影响。植被在高温下可能瞬间被焚烧，土壤中的有机质被氧化，微生物活动受到严重影响。这一过程使得原本生机勃勃的土地瞬间变成一片焦土，对生态系统构成了直接破坏。

其次，岩浆的腐蚀性质对土地造成直接伤害。岩浆中含有大量的酸性物质，这些物质具有强烈的腐蚀性，可以侵蚀土地表层，改变土壤的物理性质和化学性质。土地腐蚀不仅影响土壤的肥力和透水性，还可能导致土地贫瘠化，使其难以支持植被生长。腐蚀性的影响不仅在岩浆直接接触的地方显著，火山喷发之后，土地还可能受到长期的影响，为土地的可持续利用带来了挑战。

此外，火山灰是火山喷发释放的另一主要物质，对土地造成直接威胁。火山灰具有较强的遮蔽性，能够在短时间内将大片土地覆盖，形成火山灰层。这种火山灰层对土地的阳光照射、气温调节和植被生长都产生了直接的负面影响。植被被覆盖后无法进行光合作用，土地失去了原有的生态功能，这对土地的生态平衡和生物多样性产生了负面影响。

#### 2.气溶胶对大气环境的长期影响

火山喷发释放的大量气溶胶对大气环境产生了长期而深远的影响，涉及气候变化、辐射平衡及生态系统的平衡，对人类活动也带来了不可忽视的影响。

首先，气溶胶能够吸收和反射太阳辐射，改变大气层的温度结构。这种改变对大气环流和天气系统产生影响，可能导致气候异常。气溶胶的释放引起的太阳辐射反射，导致大气中的能量分布发生变化，进而影响大气运动和风向。这种气候异常可能表现为降雨模式的改变、气温的波动及极端天气事件的增加，对生态系统和农业产生了负面影响。

其次，气溶胶的释放对辐射平衡产生影响，特别是对全球辐射平衡的调节。大气中的气溶胶能够散射和吸收太阳辐射，影响地球表面的能量收支。这种辐射不均衡会引起大气温度的变化，对全球气候形成长期影响。气溶胶的释放可能导致地球表面的冷却，改变气候系统的平衡，进而影响全球范围内的气候变化。

再次，气溶胶对生态系统的平衡也产生了深远的影响。气溶胶在大气中的存在对光合作用和植物生长产生直接影响，通过影响太阳辐射的透过和反射，影响了植物的光合作用。这对于生态系统中的植物生态学、种群动态及生态链条的平衡产生了长期的影响。特别是在一些对光照和温度较为敏感的植物和生态系统中，气溶胶的释放可能导致生态系统的不稳定和生物多样性的减少。

最后，气溶胶的释放还可能对人类活动产生直接的影响。大气中的气溶胶可以被吸入人体呼吸道，对人体健康产生潜在威胁。尤其是一些细小的气溶胶颗粒，可能携带有害物质，对呼吸系统产生不良影响，增加呼吸系统疾病的患病风险。

3.火山泥石流和岩浆流对土壤和植被的机械性破坏

火山泥石流和岩浆流是火山喷发过程中产生的两种重要次生灾害，它们在运动过程中携带大量泥土、岩石和植被，对土壤和植被造成了机械性破坏，直接影响了生态系统的恢复和土地的可持续利用。

火山泥石流和岩浆流在运动过程中具有强大的冲击力和摩擦力，这使得其携带的泥土和岩石能够对地表进行机械性的破坏。首先，火山泥石流和岩浆流能够将原本稳定的土壤层带走，导致土壤的剧烈侵蚀和沉积。这种侵蚀使得土壤结构发生改变，土壤颗粒的重新排列和堆积使得原有的土壤层次和土壤质地发生变化，对土地的肥力和透水性产生直接的影响。

其次，火山泥石流和岩浆流的冲击力和摩擦力对植被造成了直接的机械性破坏。在其运动过程中，火山泥石流和岩浆流所带来的大量泥土和岩石能够将沿途的植被折断、撕裂，甚至将植被整体带走。这对于生态原本脆弱的火山喷发区域的植被来说是一个巨大的冲击，使得植被的完整性受到极大破坏，对植物的生长和繁殖产生了直接的影响。

这种机械性破坏不仅对土壤和植被产生直接的影响，还可能导致水土流失、土地沙漠化等环境问题。由于火山泥石流和岩浆流通常在较短时间内迅速流动，其对土地的影响更加剧烈。这使得原本富饶的火山区域可能因为土地破坏而难以恢复，对当地农业生产和生态系统的可持续发展构成重大挑战。

## （三）滑坡和泥石流引发的水体污染

1.土壤和植被的大量流失

滑坡和泥石流作为自然灾害，其在运动过程中带走了大量的土壤和植被，土地直接流失，同时其也将携带的有机质和无机质物质输入河流和水体，对水域生态系统产生了影响。

首先，滑坡和泥石流运动过程中，大量土壤被剥夺、扰动和带走。这导致了土地的直接流失，形成了裸露的地表，削弱了原有的土地结构和肥力。土壤的大量流失使得原本肥沃的耕地变得贫瘠，对农业生产和土地可持续利用构成了重大威胁。

其次，滑坡和泥石流不仅带走了土壤，也摧毁了原有的植被覆盖。在其流动过程中，大量的植物根系被破坏，植被整体被剥离和摧毁。这对于生态系统的稳定性和恢复能力造成了直接的冲击。植被的流失导致了土壤的暴露，增加了水土流失的风险，也减弱了植被对水土保持的作用，对水资源和土壤质量产生了负面影响。

此外，滑坡和泥石流所携带的有机质和无机质进入河流和水体，对水域生态系统产生了进一步的影响。大量的泥沙和悬浮物质可能导致水体浑浊，影响水质。有机质的输入可能引起水体富营养化，促使藻类繁殖，进而影响水中生态链的平衡。这对于水生生物的生存状况和水域生态系统的健康产生了不利影响。

2. 水体恶化和水生生物的生存状况

滑坡和泥石流带入水体的物质可能包括有毒物质，这使水质急剧恶化，构成了对水生生物生存状况的直接威胁，可能导致水生态系统的破坏和一系列生态问题的出现。

首先，被滑坡和泥石流带入水体的有毒物质可能包括重金属、化学污染物等，这些物质对水质产生了显著的不良影响。有毒物质的释放导致水体中的溶解氧减少，水体富营养化，水质浑浊等现象，直接影响了水体的生态环境。这种急剧的水质恶化对于水生生物的生存状况构成了严重威胁，尤其是对于一些对水质要求较高的鱼类、水生昆虫等水生生物而言。

其次，有毒物质的存在可能导致水生生物的中毒和大量死亡。水生生物对于水体中的环境非常敏感，有毒物质的进入可能对其生理和行为产生不可逆的影响。鱼类是水体中的重要生物群体，它们可能因为水体中有毒物质的存在而出现行为异常、生长受限、繁殖受阻等问题，甚至导致鱼类大量死亡。这对于水域生态系统的结构和功能产生了深远的影响，可能引发整个水生态系统的破坏和崩溃。

最后，水体恶化还可能引发一系列连锁反应，包括水中藻类过度繁殖、底栖动物减少、水中生态链的瓦解等。这些生态问题进一步加剧了水体的失衡，影响了水域的可持续发展。此外，水生态系统的破坏可能对人类的水资源利用和水生态旅游等产生负面影响，对当地经济和社会造成不可忽视的影响。

3. 水体富营养化和底泥淤积的加速

滑坡和泥石流所带入的泥沙和有机物质对水体的富营养化和底泥淤积产生了显著的影响，引发了水质问题，加速了水体的生态平衡破坏。

首先，泥沙中携带的养分，如氮、磷等，以及有机物质的输入可能导致水体富营养化的发生。这些养分是藻类和其他水生植物生长的主要营养物质，过量的输入使得水体中的藻类繁殖过度。特别是蓝藻，其大量繁殖可能引发蓝藻水华，导致水质恶化。水体富营养化的问题不仅使得水质浑浊，还可能引发氧气消耗过快，导致水体缺氧，影响水中生物的生存状况，形成恶性循环。

其次，由于滑坡和泥石流带入的泥沙沉积在水体底部，加速了底泥的淤积过程。这可能导致水体的水深减小，使得水体的自净能力下降。底泥淤积不仅影响了水体的生态平衡，还可能富集有毒物质，如重金属等，对水生生物产生潜在的危害。此外，底泥淤积可能改变水体的底栖动物群落结构，影响水体的底栖生态系统的健康。

## 二、地质灾害对社会的影响

### （一）建筑物倒塌和人员伤亡

#### 1.地震引发的建筑物倒塌

地震是最常见的导致建筑物倒塌的地质灾害之一。其产生的强烈震动使得建筑物的结构受到严重破坏，尤其是在一些发展中国家或贫困地区，由于基础设施建设水平相对较低，其采用的建筑材料和结构容易受到地震影响。这导致了地震发生时建筑物的大规模倒塌，对居民的生命安全构成直接威胁。

#### 2.其他地质灾害导致的建筑物破坏

除了地震外，诸如泥石流、滑坡等地质灾害也可能导致建筑物的破坏和倒塌。这些灾害对建筑物的影响主要表现在地质物质的冲击和侵蚀，使得建筑物的基础受损，墙体倾斜，直接危及人员的生命安全。

#### 3.发展中国家抗灾能力薄弱

一些发展中国家或贫困地区，由于基础设施建设水平相对较低，抗灾能力薄弱。缺乏建筑物抗震设计和规范，以及灾害应对设施的不足，使得这些地区在地质灾害发生时更容易遭受重大人员伤亡和财产损失。

### （二）社会秩序混乱

#### 1.灾后救援系统受损

地质灾害发生后，救援系统往往会受到严重影响。建筑物倒塌、道路损毁等情况使得救援人员难以迅速进入灾区，加大了救援行动的复杂性。此外，通信基站等关键设施的受损可能导致救援指挥系统失效，这使得应对地质灾害的紧急性受到威胁。

#### 2.社会功能紊乱

地质灾害造成的建筑物破坏、交通中断等问题使得社会功能紊乱。医疗、教育、交通等各方面的服务无法正常提供，社会秩序受到极大影响。这种紊乱可能导致灾后社区无法正常运转，进一步增加了居民的困境。

#### 3.复杂的灾后恢复

社会秩序混乱使得灾后的恢复和重建变得异常复杂。政府、救援组织和居民往往需要面对灾后的庞大任务量，包括清理废墟、安置灾民、修复基础设施等。这不仅需要大量的人力、物力投入，还需要协调各方面的资源，这加剧了社会的困境。

### （三）贫困地区抗灾能力有限

**1. 社会经济发展水平低**

贫困地区往往面临社会经济发展水平相对较低的问题。基础设施建设薄弱，医疗、教育水平有限，这使得贫困地区在地质灾害发生时更加脆弱，难以有效应对。

**2. 基础设施不完善**

贫困地区的基础设施通常不完善，缺乏抗灾能力的建筑和道路，这使得地质灾害对该地区的影响更为严重。建筑物质量低劣，缺乏符合抗震标准的结构设计，使得地震等地质灾害发生时，建筑易于倒塌，人员伤亡风险增加。

**3. 社区和个体抗灾能力不足**

贫困地区居民往往缺乏足够的抗灾知识和培训，缺乏对地质灾害的认知和应对能力。由于贫困限制了投资于社区和个体抗灾能力建设的资金，导致当地居民在地质灾害面前无法有效自救、紧急撤离，增加了人员伤亡的可能性。

## 三、地质灾害对经济的重大冲击

### （一）基础设施和房屋的损毁

**1. 地质灾害导致的基础设施破坏**

地震、滑坡、泥石流等地质灾害常常导致受灾地区基础设施的严重破坏。道路、桥梁、输电线路等关键基础设施的损毁使得灾区内外的交通、能源供应中断，这增加了灾后救援和重建的难度。这不仅导致直接的经济损失，还对整个地区的生产、运输、通信等方面产生深远的影响。

**2. 房屋结构受损和倒塌**

地质灾害对房屋结构造成直接的影响，尤其是在地震和泥石流等灾害发生时。建筑物的破坏不仅威胁了居民的生命安全，同时也带来了巨大的重建压力。倒塌的住宅和商业建筑不仅需要重新修建，还需要考虑抗震设计和建筑质量的提升，这增加了灾后重建的复杂性和成本。

**3. 重建成本的巨大压力**

地质灾害导致的基础设施和房屋破坏需要进行大规模的重建工作，这涉及庞大的经济投入。资金的投入不仅包括重建已损坏的设施，还需要考虑加强抗灾设施的建设，以提高未来地质灾害发生时的应对能力。这种经济负担可能由当地政府、企业和居民共同分担，这对整个地区的经济造成沉重打击。

### （二）农田和水源地的损失

**1. 农田遭受的地质灾害影响**

地质灾害可能导致农田的破坏和受损，包括土壤侵蚀、滑坡带走农田土地等。这不仅影响了农业的正常生产，还可能导致农田的无法再生产，进而影响当地的粮食生产和经济收益。农田的受损也可能导致农民失去生计来源，加剧经济压力。

2.水源地受到污染的风险

地质灾害可能引发水源地的污染，如泥石流带走大量泥沙和有害物质，直接进入河流和水库。这种污染不仅危及饮用水安全，还对农业灌溉和工业用水产生负面影响。水源地的损失使得当地居民面临用水困难，同时也对经济产业链上下游造成连锁影响。

3.农业中断和水资源匮乏的经济影响

由于农田和水源地的受损，农业生产中断，农产品供应减少，市场价格波动，经济效益下降。同时，水资源的匮乏限制了工业生产和生活用水，对整个地区的经济发展产生严重制约。这种经济损失可能在灾后恢复过程中长期存在。

### （三）对整个地区经济发展的长期影响

1.灾后重建过程漫长

由于地质灾害的广泛破坏性和复杂性，灾后重建过程通常需要漫长的时间。这期间，受灾地区的经济活动难以正常运转，社会秩序混乱，这进一步加大了经济发展的困难。

首先，地质灾害引发的广泛破坏导致受灾地区的基础设施、房屋和工业设施遭受严重损毁。灾后的重建不仅需要对这些设施进行修复和重建，还需要重新规划城市布局，提升基础设施的抗灾能力。这个过程涉及大量的资金投入和时间消耗，使得受灾地区在相当长的时期内难以恢复正常的经济运转。

其次，地质灾害对农田、水源地等生产要素的损害也使农业和其他产业中断。农田被破坏导致农业生产受阻，水源地的污染可能影响农业灌溉和饮用水供应。受灾地区的产业链条被打断，经济活动受到严重限制，这为灾后的重建增加了复杂性。

另外，灾后重建过程中可能涉及政府的政策调整和法规制定。为了更好地防范未来的地质灾害，政府可能需要加强土地规划管理、建筑抗震设计等方面的制度建设，这些调整和制度的建立也需要时间和资源的投入。

灾后的社会秩序混乱也对经济发展构成了严重的困扰。灾后的紧急救援和资源分配可能导致社会功能的紊乱，加之受灾地区居民的生活困境，社会动荡的可能性较大。这不仅为灾后的经济活动带来了不确定性，还可能对外部投资和合作造成阻碍，影响受灾地区的整体经济发展。

2.巨大的投资需求

地质灾害引发的破坏性要求大规模的投资用于重建，这种投资需求不仅包括基础设施和房屋的修复，还包括制定和实施抗灾规划、提高抗灾能力等多方面的投入。然而，这些巨大的投资需求可能对地区的财政造成沉重负担，影响到其他重要领域的资金分配。

首先，基础设施和房屋的修复是地质灾害重建过程中最为迫切和重要的任务之一。地震、泥石流等灾害往往导致基础设施如道路、桥梁、水利设施的严重破坏，以及大量房屋的倒塌。为了使灾区尽快恢复正常的生产和生活秩序，我们需要投入大量资金进行基础设施和房屋的紧急修复和重建。这些投资除了涵盖物资和设备的采购，还包括人力资源和技术力量的调配，因而形成了巨额的财政压力。

其次，制定和实施抗灾规划、提高抗灾能力也需要大规模的投资。为了减缓地质灾害的影响，地区需要投资于科学研究、监测预警系统的建设、社区抗灾意识的培养等方面。提高地区的抗灾能力不仅仅是短期的投入，还需要进行长期的系统规划和执行，以确保地区在未来面对可能的地质灾害时能够更加从容和有效地应对。

然而，这种巨大的投资需求可能对地区的财政造成沉重负担。受灾地区的财政本已受到灾害影响，经济活动受到阻碍，税收减少，而重建所需资金却是庞大的。地方政府可能需要寻求中央政府的支持，或者通过其他途径筹措资金。而这种大规模的投资需求，可能使得原本需要用于其他社会事业的资金被大量转移，影响到教育、医疗、环境保护等领域的资金分配，从而引发一系列社会问题。

3.经济发展受到长期制约

地质灾害对整个地区经济的长期影响在于阻碍了正常的经济发展轨迹，由于需要将大量资源用于灾后的重建工作，其他行业和领域的发展受到限制。这使得受灾地区的整体经济增长受到严重制约，难以实现可持续发展目标。

首先，地质灾害引发的大规模破坏导致了基础设施的崩溃和房屋的倒塌，需要进行紧急修复和重建。这就需要大量的资金、人力资源和时间，这些资源原本可以用于其他经济活动。重建期间，投入在基础设施修复上的资源往往无法充分挖掘当地的潜力，而是用于弥补灾后的损失，从而限制了其他领域的投资和发展。

其次，地质灾害可能导致农田的损失、水源受污染，进而影响农业和水资源的可持续利用。农业是许多受灾地区的主要经济支柱之一，一旦农田受损，农业生产中断将成为不可避免的现象。这不仅影响了当地农民的生计，也对整个地区的经济结构产生深远的影响。同时，水源地的污染不仅影响农业灌溉，也对饮用水供应产生直接威胁，使得人们灾后的生活更加困难。

另外，地质灾害还可能导致企业倒闭、失业率上升。灾害对当地产业和企业的影响往往是毁灭性的，许多企业可能面临关闭和破产的厄运，导致大量劳动力失业。这不仅对个体经济生活构成直接冲击，也使整个地区的劳动力市场陷入不稳定状态，使失业率上升。

# 第二章　地质资源开发与环境效应

## 第一节　地质资源开发的现状与趋势

### 一、全球地质资源分布与供需状况

#### （一）全球主要矿产资源分布概况

1.矿产品种类及基本概况

矿产品主要分为金属矿物和非金属矿物，同时也包括燃料矿物和非燃料矿物。这一分类体系涵盖了地球内部丰富而多样的矿产资源，其对于支撑全球工业和经济发展起到了至关重要的作用。

非金属矿物，在全球矿物原料消耗中占据相当大的比重，其中尤以砂石料等为代表。这些资源在建筑、基础设施建设等领域得到广泛应用，支撑着城市化和现代化进程。全球应用广泛的矿物超过 80 种，其中包括但不限于铁、铜、铝土、铅、锌、镍、磷酸盐、锡和锰 9 种矿物。这些矿物因其产值庞大且国际贸易量较大而显得尤为重要，成为全球经济体系中的关键原材料。

铁是工业生产的基础原材料之一，广泛用于建筑、制造业等领域。铜作为一种重要的有色金属，应用于电力、电子、通信等领域。铝土矿则是提炼铝金属的主要原料，对于航空、汽车等现代工业至关重要。铅和锌广泛应用于电池制造、建筑等行业，发挥着不可替代的作用。镍主要用于不锈钢和合金的生产，磷酸盐在农业领域扮演着肥料的重要角色。锡用于锡合金的制造，而锰则在冶金、化工等多个领域中发挥着重要作用。

这些矿产品的广泛使用，使得全球各国在资源开发、矿产贸易等方面形成了复杂而紧密的合作关系。在全球化的背景下，矿产品的供应链和市场变化对于各国经济和产业结构的调整都具有深远的影响。

2.全球主要矿产资源分布

（1）金属矿产

全球金属矿产是地球资源中至关重要的一部分，包括铁矿石、锰矿和铜矿等多种矿产。铁矿石作为工业生产的基础原材料，其全球探明储量约为 3，500 亿吨，主要分布在俄罗斯、巴西、中国、加拿大和澳大利亚等国家。其中，澳大利亚以其储量的 90% 占比成为最大的铁矿石输出国，年产量达到 8000 万吨左右，稳居世界第一位。

锰矿是另一重要的金属矿产，其储量超过 1 亿吨，主要分布在南非、俄罗斯和澳大利亚等国。南非是锰矿的最大输出国，其锰矿占有全球市场的重要份额。在国际市场上，锰的主要输入地包括日本、西欧和美国等，这些地区对于锰矿的需求在全球贸易中发挥着关键作用。

铜矿作为重要的有色金属矿产，其储量主要分布在美洲、非洲中部和亚洲北部。智利、美国和赞比亚是铜矿储量最丰富的国家，其中智利以其占全球铜矿探明储量 23.4% 的份额，成为世界上铜的主要产区。全球铜矿资源的分布格局对各国的经济结构和产业发展产生着深远的影响。

这些金属矿产的分布和开采对全球经济发展具有重要意义。铁矿石是工业制造的基础，而锰和铜等金属在电子、建筑和能源等领域中扮演着不可替代的角色。

（2）非金属矿产

非金属矿产在全球资源体系中占据着重要地位，其中包括铝土矿、铅矿和锌矿等多种矿产。铝土矿主要用于提炼铝金属，其全球产量主要集中在澳大利亚、几内亚和牙买加等国家，年产量超过 1000 万吨。这些国家成为世界铝土矿的主要产区，其出口对于全球铝产业发展至关重要。

铅矿是另一种重要的非金属矿产，主要分布在美国、澳大利亚和加拿大等国家，其中这些国家的产量均超过 30 万吨，成为全球铅矿石产量最多的地区。铅作为一种重要的有色金属，其广泛应用于电池制造、建筑和化工等领域，因此全球铅矿资源的开发和利用对于这些产业的发展至关重要。

锌矿是全球重要的有色金属矿产之一，其主要产区包括加拿大、俄罗斯和澳大利亚等国。加拿大在全球锌矿产业中占据举足轻重的地位，其产量位居世界第一。俄罗斯和澳大利亚也是全球锌矿产业的重要参与者，分别位列世界第二和第三。锌作为一种重要的金属，广泛应用于镀锌、合金制备等领域，其市场需求对于相关产业的健康发展起到至关重要的作用。

**（二）地质资源供需状况及挑战**

1. 全球经济发展与资源需求

随着全球经济的不断发展，特别是新兴经济体（如中国、印度等）的工业化进程的加速，矿产资源的需求正在呈现井喷式增长。这一趋势对全球矿产资源供应链和市场格局产生深远而重要的影响。

中国作为全球最大的金属矿产需求国之一，其工业化和城市化进程一直处于快速推进的状态。特别是在基础设施建设、制造业等领域，对铁矿、铜矿等金属矿产的需求持续增长。这不仅满足了国内经济的高速发展需求，也在一定程度上推动了全球矿产资源市场的活跃。

印度等其他新兴经济体也在快速崛起，其对金属矿产的需求同样强劲。这些国家的工业化进程带动了建筑、交通、能源等领域的需求激增，进而对全球矿产市场形成了重要推动力。由于全球化的趋势，这些国家的矿产需求直接影响着其他国家的资源开发和出口策略。

然而，全球矿产资源供应并非无限，因此，这一高速增长的需求是一种挑战。铁矿、铜矿等金属矿产的高需求使得矿业公司和相关产业在开发和生产上面临更大的压力。同时，资源的有限性也引起了国际社会对于可持续矿产开发和管理的更多关注，强调在满足当前需求的同时，不损害未来世代的资源利用权益。

因此，全球经济发展与矿产资源需求之间的关系成为全球资源经济学研究的重要课题。如何在经济发展与资源需求之间实现平衡，推动可持续发展，是各国政府、企业和国际组织共同面临的重要挑战。

2.传统矿产资源枯竭与环境影响

一些传统的矿产资源，例如铁矿和煤炭等，正面临着枯竭的严重问题。这一现象主要是由于长期的过度开采，导致这些矿产资源的储量逐渐减少，对全球经济带来了不可忽视的冲击。

在过去的几十年里，铁矿作为重要的金属矿产之一，一直是工业生产的基础原材料。然而，由于全球对铁矿的高度需求，很多铁矿矿床已经进入了开发晚期，储量不断减少。这使得全球矿业公司面临着寻找新的矿床、开发更为复杂的地质条件下的资源等巨大挑战。同时，煤炭作为主要的能源资源，也在许多地区经历着过度开采和资源枯竭的困境，这对能源安全和供应稳定产生了不容忽视的影响。

传统矿产资源的枯竭不仅影响了资源供应的稳定性，而且开采过程中产生的环境问题也引起了国际社会的广泛关注。土壤污染是由于矿区废弃物排放和采矿活动导致有害物质渗透至土壤，对土壤质量和生态系统造成损害。水资源消耗是指在矿产资源开采和处理过程中对水资源的大量使用，这不仅影响了当地水资源的可持续性利用，还可能导致水源地的短缺和生态系统的崩溃。

3.地质资源供需矛盾与可持续发展

地质资源供需矛盾的凸显成为全球可持续发展面临的重要问题，迫切需要通过可持续的资源管理和技术创新来解决。这一挑战的背后反映了全球社会对于有限地质资源的高度依赖，以及地质资源的不平衡分布与需求的不断增长之间的矛盾。

为了实现地质资源的可持续利用，推动绿色矿山建设成为其中的关键路径。绿色矿山是一种以最小化对环境的不良影响为目标，通过采用先进的环保技术和可持续的开采方法，实现对地质资源的高效开发。这包括减少废弃物的排放，提高资源利用率，以及降低对水资源和土壤的负面影响。推动绿色矿山建设，可以在维护自然生态系统的同时，确保地质资源的可持续供应。

提高矿产资源的回收率也是解决供需矛盾的重要途径。发展先进的回收技术，将废弃矿产资源中的有用物质重新提取出来，有助于减轻对原生态系统的开发压力，减少新鲜矿产资源的开采需求。回收经济的理念也在不断得到推广，这促使企业更加注重资源的再利用，从而在一定程度上缓解了地质资源供需的压力。

同时，开发新兴能源矿产被认为是实现地质资源可持续利用的关键因素之一。随着人们对清洁能源的需求不断增加，对于矿产资源的新型利用逐渐成为解决能源安全和减缓气候变化的关键路径。例如，稀土元素等新兴矿产资源在太阳能电池、电动汽车等新兴技术中的应用，为推动可再生能源的发展提供了基础支持。

最后，国际社会需要共同努力，制定合理的资源开发政策，推动地质资源供需关系朝着更加平衡和可持续的方向发展。这涉及各国之间的合作与协调，共同维护全球地质资源的公平利用，避免过度开采和资源浪费，以及共同面对地质资源开发过程中可能产生的环境问题。通过国际合作，我们可以实现资源的跨区域配置和共享，为全球可持续发展创造更为有利的条件。

## 二、新兴地质资源开发领域及技术趋势

### （一）深海矿产资源开发前景

深海矿产资源的开发前景涉及多方面的挑战和机遇，需要全面考虑技术、环境、国际合作等因素。

首先，深海环境的高压、低温和黑暗条件对开发工具和设备提出了严格的要求。在深海底进行有效的勘探和开采操作需要设计能够承受极端环境的设备。自主潜水器和遥控机器人等先进技术的应用成为解决这一问题的重要途径。这些工具需要具备耐压、耐低温和高度灵活性等特性，以适应深海环境的极端条件。

其次，深海矿产资源的开发可能对海洋生态系统产生潜在的影响。由于深海底的生态环境尚未完全被了解，采矿活动可能对海底生物和生态链产生负面影响。因此，在设计开发方案时，我们必须充分考虑深海生态系统的复杂性，制订合理的环保政策和采矿行为规范，以确保资源开发与环境保护相协调。这可能包括设立保护区、制订生态修复计划等措施。

另外，国际合作对于深海矿产资源开发至关重要。深海资源跨越国界，需要建立合理的国际合作机制，以确保各国在资源开发中能够共同受益。国际社会需要加强协作，共同研究深海资源勘探技术、环境监测手段等方面的问题，推动深海矿产资源的可持续开发。这可能涉及联合科研项目、资源共享机制、环境监测标准的制定等方面的合作。

### （二）稀土元素与高新技术产业

首先，稀土元素在高新技术产业中的广泛应用使其成为当代科技和工业领域不可或缺的重要资源。电子、医疗设备、新能源等领域的发展离不开稀土元素的应用。在电子行业，稀土元素用于生产磁铁、电池、显示屏等关键部件，而在医疗设备领域，它们被用于制造核磁共振设备、激光器等先进医疗设备。新能源领域，如风能和电动汽车，也对稀土元素有着巨大的需求。

其次，由于稀土元素的分布相对较为有限，全球对其需求不断增加，导致人们对中国稀土垄断地位的担忧。为降低对中国的依赖，全球范围内正在积极寻求新的稀土开发项目。这包括勘探更多的稀土矿床，提高提取效率等方面的努力。多国纷纷加大稀土资源勘探力度，以确保供应链的稳定性，减缓由于单一供应来源可能带来的风险。

再次，新兴的提取技术是稀土元素开发领域的研究热点。传统的提取方法，如溶剂萃取，存在对环境的负面影响。因此，研究人员致力于开发更为环保和高效的提取技术。离子吸附、溶剂萃取、氧化亚铁等新型技术在提取稀土方面展现出潜在的应用前景。这些技术的研究旨在提高提取效率的同时，减少对水、土壤和空气等环境的污染，以实现可持续的稀土开发。

最后，为了推动稀土行业的可持续发展，国际社会需要加强合作。在新矿床勘探、提取技术研发、环境保护等方面，各国可以共享经验、资源和技术，建立起更为紧密的国际合作体系。这有助于确保全球稀土资源的合理开发和利用，促进相关产业的可持续增长。

### （三）可再生能源与绿色矿山

首先，可再生能源如风能和太阳能已成为新兴的地质资源开发方向，对实现能源可持续发展具有重要意义。风能作为一种清洁且取之不尽的能源，通过风力发电可有效减少对化石燃料的依赖。太阳能作为广泛分布的可再生能源，通过光伏技术转化为电能，具有极大的潜力。这些可再生能源的开发有助于降低温室气体排放，减轻对有限自然资源的过度开采，推动全球能源领域实现更加可持续的发展。

其次，可再生能源的开发牵涉多个领域，包括风电、光伏发电、潮汐能等。技术创新和成本降低是推动这些领域发展的主要动力。太阳能光伏技术的不断进步降低了光伏发电的成本，使得太阳能成为一种更为经济可用的可再生能源。此外，新技术的引入和工程规模的扩大也进一步提高了可再生能源的竞争力。

再次，绿色矿山的概念强调在矿山开发中实现资源循环利用和减少环境影响。为了实现这一目标，我们需要采用一系列绿色采矿技术，包括但不限于低碳排放采矿设备的使用、高效的废弃物处理系统及生态修复措施。通过这些手段，我们可以最大限度地减少矿山对周边环境的负面影响，实现矿山开发与环境保护的有机结合。

最后，可再生能源和绿色矿山的发展离不开跨学科合作和国际交流。各国可以共享先进的技术和经验，共同应对全球能源和矿山开发面临的挑战。推动可再生能源和绿色矿山理念的传播，促使全球地质资源开发向更加环保、可持续的方向迈进。

# 第二节 地质资源开发对环境的影响

## 一、地质资源开发过程中的环境污染问题

### （一）地表水和地下水污染

1.采矿活动的水污染问题

（1）采煤导致的水污染

采煤过程中产生的废水中含有大量的悬浮颗粒、挥发性有机物和重金属。这些物质可能直接排放到附近的地表水中，引发水体浑浊、富营养化等问题，危害水生生态系统。

（2）采石和采矿导致的废水问题

采石和采矿活动涉及的废水中可能存在石灰石、硫化物等有害物质。这些物质一旦进入水体，可能引发酸性沉降、水体酸化，对水生生物和水质造成不可逆的损害。

2.废水中的有害物质

（1）重金属的污染

废水中的重金属（如铅、汞、镉等）对水体生态系统和人类健康造成潜在威胁。这些金属进入水体后可能积聚在水生生物体内，通过食物链传递，最终危害人类健康。

（2）化学药品的排放

地质资源开发中使用的化学药品（如浮选剂、提取剂等）可能通过废水进入水体。这些化学物质可能对水生生态系统产生毒性效应，破坏水中微生物和底栖生物的生态平衡。

### （二）土壤污染及植被破坏

1.大面积土地破坏

采矿活动所导致的大面积土地破坏是地质资源开发过程中一项严峻而不可忽视的环境问题。此类破坏性行为不仅严重剥夺了土地的天然覆盖层，同时也对土壤结构和整个生态系统造成了深远而长期的不良影响。

首先，土地破坏导致了土地的天然覆盖层的丧失，这对生态平衡和生物多样性构成了直接威胁。天然覆盖层在土地生态系统中扮演着关键的角色，维护着植物、动物和微生物的栖息地，促使它们之间形成复杂而稳定的相互作用。采矿活动所带来的土地裸露不仅使原有的植被被摧毁，还降低了土壤的覆盖度，直接导致原生态系统失去了其天然的生态功能。

其次，土地破坏对土壤结构的影响极为显著。采矿过程中，机械设备的运作和爆破行为可能导致土壤发生严重的机械性破坏，打乱了土壤的层次结构和颗粒组成。这种破坏不仅使土壤失去了原有的孔隙结构，还导致土壤容易发生侵蚀，增加了水土流失的风险。同时，土壤的质地和肥力也可能因此而遭受损失，阻碍了土壤的自然修复过程。

此外，大面积土地破坏对生态系统的影响延伸至植被的生长和土壤的自然修复。土地的覆盖层和植被是土壤保持水分和养分的重要媒介，而土壤的结构则直接影响着植物的生根和营养吸收。土地破坏引起的土壤结构破坏和水土流失，不仅直接制约了植被的重新生长，也影响了土壤的自然修复能力。这种影响在时间上呈现出长期性，使得原本富饶的土地逐渐沦为贫瘠之地，无法实现自然的恢复。

2.土壤污染

在地质资源开发的过程中，采矿活动所使用的化学品和石油等物质往往成为导致土壤污染的主要源头。这种污染的发生源于这些化学物质在采矿操作中的广泛应用，通过渗透和渗漏等途径进入土壤，对土壤环境造成不可逆转的损害。

首先，采矿过程中使用的化学品，如浮选剂、提取剂等，可能通过直接接触土壤的方式导致土壤污染。这些化学品中可能含有重金属、有机物等对土壤生态系统有害的成分，其一旦进入土壤，可能引发土壤结构的改变、微生物的死亡和土壤酸化等不良影响。这些效应将直接威胁到土壤的生态平衡，制约着土壤的肥力和植被的正常生长。

其次，石油等有机化合物的使用也是导致土壤污染的重要因素。在采矿过程中，机械设备的运作、车辆的使用等不可避免地伴随着石油类物质的泄漏，这些石油物质可能渗透到土壤中，引发土壤污染。石油中的多环芳烃、苯系物质等对土壤的毒性很大，可能破坏土壤微生物群落，影响土壤的呼吸作用，进而影响植物的生长和根系的发育。

值得关注的是，土壤污染不仅对植物生长直接造成威胁，还可能通过食物链传递，影响人类健康。植物在受到污染土壤中有害物质的影响下，可能积累大量的重金属和有机物质，当这些植物被人类或动物食用时，有害物质也将进入食物链。因此，土壤污染不仅仅是一种局部的环境问题，更是涉及全球食物安全和生态平衡的综合性挑战。

### （三）大气污染与粉尘扬射

1.振动和噪声产生的粉尘

在地质资源开发中，机械设备的运行和爆破作业常常伴随着振动和噪声的产生，而这些活动可能引发大量粉尘和颗粒物的悬浮，进而对周边空气质量产生直接而深远的影响。机械设备的振动和噪声通常伴随着颗粒物的扬尘，这些颗粒物在大气中悬浮，形成可见的粉尘，同时也含有微小的颗粒物，甚至纳米颗粒物，其大小范围从几纳米到数百微米。这些颗粒物不仅降低了大气的透明度，也对大气的光学性质和辐射传输产生影响。

这些悬浮颗粒物的存在不仅对大气质量构成威胁，同时对周边居民的生活质量产生不可忽视的负面影响。首先，这些颗粒物可能含有有毒有害物质，如重金属、挥发性有机物等，对人体健康构成潜在威胁。特别是粒径较小的颗粒物，其更容易进入人体呼吸道，引发呼吸系统疾病，甚至与心血管疾病的发生存在关联。

其次，振动和噪声产生的粉尘对居民的日常生活造成了不便。噪声污染可能导致居民的睡眠质量下降，增加患有心血管疾病、精神障碍等问题的风险。同时，大量的悬浮颗粒物使得户外活动受到限制，影响了居民的社交活动和休闲娱乐。振动可能引发房屋的结构性损伤，对周边建筑物和基础设施构成潜在风险。

因此，为了有效应对振动和噪声产生的粉尘问题，我们需要采取一系列综合而系统的措施。这包括但不限于引入先进的降尘技术和噪声减排技术，规范振动和噪声的排放标准，建立科学合理的工地布局和作业时段管理制度，以及加强对工人的健康监测。只有在综合考虑环境、社会和经济等多方面因素的基础上，制定科学合理的管理策略，我们才能实现地质资源开发的可持续性，减缓振动和噪声产生的粉尘对环境和居民的不良影响。

2. 空气中的化学物质排放

在地质资源开发的过程中，机械设备的运行和爆破作业所产生的废气成为空气中的主要污染源之一。这些废气中可能含有一系列有害气体和颗粒物，其中包括但不限于硫化物和氮氧化物。这些化学物质的排放不仅对大气生态系统造成负面影响，也潜在地威胁到人体健康。

首先，硫化物是一类常见的有害气体，主要包括二氧化硫（$SO_2$）等。在机械设备运行和爆破作业中，燃烧过程和爆破反应可能产生大量的硫化物，这些物质在大气中与其他气体发生复杂的化学反应，形成二次污染。硫化物的排放不仅直接影响空气质量，还可能导致酸雨的生成，对土壤和水体产生腐蚀性影响，损害生态系统的健康。

其次，氮氧化物（$NO_x$）是另一类常见的有害气体，包括一氧化氮（NO）和二氧化氮（$NO_2$）。这些气体在高温燃烧和爆破反应中产生，其排放不仅对大气中的臭氧生成产生负面影响，还可能导致酸雨的形成。此外，氮氧化物的排放对植物生长和土壤的肥力也具有不良影响，影响农业生产和生态系统的平衡。

除气体污染外，机械设备和爆破作业产生的废气中还包含大量颗粒物。这些颗粒物的主要成分可能包括但不限于重金属、有机物等。这些微小颗粒物不仅直接影响空气质量，还可能通过吸入进入人体呼吸系统，引发呼吸系统疾病。同时，颗粒物的沉降也可能对水体和土壤产生直接污染，加剧生态系统的压力。

### （四）声音和振动污染

1. 对居民生活的影响

采矿和挖掘活动所带来的噪声和振动对周边居民的生活产生了深远的影响，进而对其工作、学习和休息等方面造成了严重的干扰。这种影响主要源于这些活动在进行过程中所产生的机械设备运转声、爆破作业的振动及相关运输和挖掘活动带来的噪声。

首先，噪声是采矿和挖掘活动中不可避免的产物，其强度和频率常常超过了环境噪声标准。机械设备的运转、爆破作业及车辆往来等活动均贡献了相当程度的噪声污染。这种噪声不仅超过了周边居民的正常生活所需的安静程度，也可能超过了卫生标准，直接妨碍了居民的工作效率。居民在此环境下可能难以集中注意力，从事需要高度专注的工作，严重影响了其日常工作的质量和效果。

其次，振动是由采矿和挖掘活动所引起的另一种影响，其对居民的生活产生了直接而不可忽视的干扰。机械设备的运行和爆破作业常伴随着地面振动，这种振动通过建筑物的传导而传递到居民区域，导致房屋结构的振动和震动感。这对于居住在附近的居民而言，可能导致房屋损坏，甚至引起人们身体的不适感。这种不适感在影响居民的休息质量的同时，也对其心理健康产生负面影响，增加了患有相关健康问题的风险。

最后，振动和噪声的连续存在也可能影响居民的学习环境。居民区域通常包括学校和教育机构，而这些地方的学生需要在相对安静的环境中进行学习。采矿和挖掘活动带来的噪声和振动不仅打断了正常的教学秩序，还可能影响学生集中注意力和学业表现。这对于学生的学习效果和学术成就产生了负面的影响，增加了教育机构管理的难度。

2.对生态系统的影响

采矿活动所引发的振动对生态系统产生了多方面的负面影响，涉及土地稳定性、地下水位及植被和野生动植物的生态环境。首先，振动对土地的稳定性造成直接威胁。采矿活动中的机械设备运转和爆破作业所引发的地面振动可能导致土地的沉降和位移，破坏土地的物理结构，使得原本稳定的地表发生变动。这种土地的不稳定性可能引发土壤侵蚀、坍塌等问题，直接影响土地的可持续利用。

其次，振动对地下水位的影响也是一个值得关注的问题。振动可能改变土壤的孔隙结构，影响土壤的渗透性，导致水分的流动受到限制。这种情况下，地下水的循环和补给受到阻碍，可能引发地下水位的下降或不均匀分布，对地下水生态系统产生不利影响。地下水是维持植被生长和维持湿地等生态系统功能的重要组成部分，其异常变化可能导致湿地退化、植被丧失等问题，对生态系统的整体稳定性带来威胁。

再次，振动对植被的生长也产生了直接的影响。机械设备的振动传导到土壤中，可能阻碍植物根系的发育和吸收水分养分的能力，进而抑制植物的正常生长。这对于生态原本脆弱的地区，可能造成植被的退化和生态系统的破坏。植被的丧失不仅影响土壤的保持和水质的净化，还可能导致生态系统中其他物种的生存困境。

最后，采矿活动引发的振动对野生动植物的栖息地产生了直接而严重的威胁。野生动植物对于其栖息地的适应性较为敏感，振动可能对其正常的行为和生态习性产生干扰。噪声和振动对于野生动物的通信、繁殖和觅食等行为可能造成干扰，甚至导致动物迁徙、栖息地丧失等问题，对生态系统的物种多样性和生态平衡带来潜在危害。

## 二、生态系统对地质资源开发的响应与恢复

### （一）生态系统的适应性和生态位变化

1.生态系统对地质资源开发的适应性

（1）物种分布的变化

地质资源开发对生态系统的影响可能导致物种分布的变化，其中一些物种的数量可能减少，甚至灭绝，同时也可能引发其他物种适应新的环境。这种物种分布的变化是生态系统响应人类活动的一种表现，对生态平衡和生物多样性产生潜在的影响。

在地质资源开发过程中，可能会发生一些物种数量减少或灭绝的情况。这主要是因为

开发活动通常涉及土地利用变化、水体污染、生境破坏等，这些因素可能直接或间接影响到当地生态系统中的特定物种。一些特有的或对特定环境条件敏感的物种可能会受到较大的冲击，导致它们的数量减少，甚至局部灭绝。这种生物多样性的丧失可能对整个生态系统的稳定性和功能产生负面影响。

与此同时，地质资源开发也可能引起其他物种适应新的环境条件。在开发过程中，一些原本不适应污染环境的物种可能会逐渐适应并扩大其分布范围。例如，一些耐污染的植物和微生物可能通过自然选择逐渐演变为具有更强大适应力的生物。这种适应性的变化可能导致一些新的物种在开发区域内繁荣生长，形成新的生态平衡。

从生态学的角度看，物种分布的变化可能对整个生态系统结构和功能产生深远的影响。开发区域内的物种重新组合和适应可能导致生态系统的服务功能发生变化，如水源保护、土壤保持和生态平衡调节。此外，物种的迁移和适应可能引发食物网结构的调整，影响整个生态系统的稳定性。

为了减缓物种分布的变化对生态系统的不利影响，可持续地质资源开发需要综合考虑生态保护和资源利用的平衡。合理规划和科学管理，可以减少对敏感物种的影响，提高生态系统的恢复能力。同时，引入适应性管理和保护措施，有助于减轻生态系统因地质资源开发而引起的生态压力，实现资源的可持续开发。这需要在决策层面上制定综合规划，同时在技术实施层面上采取创新的生态保护措施，以实现地质资源开发与生态平衡的和谐共存。

（2）生态位竞争关系的调整

开发活动对生态系统施加了新的压力和资源利用方式，从而导致了生态竞争关系的调整。这一调整是物种为适应新的环境而发生的变化，可能导致生态系统内部的平衡和结构发生重要变革。在这个过程中，物种之间可能发展出新的平衡，以更好地利用开发区域的资源，体现了生态系统对外部压力的响应和自我调整的能力。

地质资源开发通常伴随着土地利用变化、水体污染等因素，这些因素可能导致原有生态条件的改变。在这种情况下，物种为了适应新的环境，可能发生生态位的重新分配和竞争关系的调整。一些物种可能会发展出新的生态位，采用不同的生存策略，以更好地适应开发区域的新生态条件。这可能涉及资源利用的不同方式、空间分布的调整及行为习性的变化。

生态位竞争关系的调整可能导致物种的适应性演化。在开发区域，一些耐污染或适应性强的物种可能在竞争中取得优势，逐渐扩大其生态地位范围。这种适应性演化可能包括对污染物的耐受性提高、生长速率的变化等。同时，一些原本适应于开发前生态条件的物种可能因为资源减少或生境改变而面临竞争劣势，甚至可能消失。

在调整生态竞争关系的过程中，生态系统的结构和功能也可能发生变化。由于物种的相对丰度和分布发生改变，可能导致食物网结构的调整，影响生态系统的稳定性和生态平衡。此外，新的竞争关系可能对生态系统的物质循环、能量流动等生态过程产生深远影响，对土壤质量、水体健康等方面造成影响。

为了更好地理解和管理生态竞争关系的调整，可持续地质资源开发需要进行系统性的生态监测和评估。这包括对物种多样性、相对丰度、生态位分布等生态指标的监测，以及对生态系统结构和功能的定量分析。通过这些监测和评估手段，我们可以更好地理解物种之间的相互作用和竞争关系的动态变化，为合理规划和科学管理提供数据支持，以实现地质资源开发与生态系统的协同发展。

2.生态系统适应机制的研究

（1）遗传适应

通过遗传适应，生物体可能逐渐发展出对地质资源开发环境的耐受性，这种适应性可能在后代中传承，使物种更能在新环境中生存繁衍。在地质资源开发的过程中，生物体经常面临环境的快速变化，例如土壤结构的改变、化学物质的排放和水体质量的变化等。这些变化对当地生态系统的物种可能产生压力，然而，通过遗传适应，一些物种可能逐渐发展出对这些变化的耐受性，以更好地适应新的环境。

遗传适应是指在基因水平上的适应性变化，这是由于环境压力导致基因频率的变化，使得个体具有更适应特定环境的基因型。在地质资源开发的环境中，一些物种可能受到了土壤中有害物质、水体中化学物质等压力的影响。通过遗传适应，这些物种中具有对这些压力更强适应性的个体可能获得繁殖的优势，逐渐在种群中占据主导地位。这种适应性变化在后代中可能被传承，使得整个物种在新环境中更具生存力。

遗传适应的过程通常需要较长的时间，因为它牵涉基因频率的积累和演变。在地质资源开发的环境中，一些物种可能面临挑战，但在适应的过程中，通过自然选择和基因变异，这些物种中的一部分个体可能会获得新的基因型，使其对新环境更具适应性。这种基因型的传承可能发生在后代中，进而促使整个种群在开发环境中更好地适应。

值得注意的是，遗传适应不仅限于对有害因素的适应，还可能涉及对新资源的利用方式。在地质资源开发的过程中，一些物种可能发展出更高效的资源利用策略，以适应新的环境条件。这种适应性的发展也可能通过遗传适应在后代中传承，使整个物种更具竞争优势。

（2）行为适应

动物可能通过调整迁徙路径、觅食习惯等行为来适应开发带来的改变。这种行为适应对于生物在开发区域找到更适合的生存方式起到关键作用。在地质资源开发的过程中，生物体可能面临生境变化、资源分布的不同及人类活动带来的新挑战。为了应对这些变化，动物可能通过逐渐调整其行为习性来适应新的环境压力。

一种常见的行为适应是迁徙路径的调整。很多动物依赖迁徙来寻找适宜的季节性生境和资源，但地质资源开发可能导致迁徙路线上出现新的障碍和威胁。为适应这些变化，一些动物可能会调整其迁徙路径，选择避开开发区域或寻找新的迁徙通道。这种行为适应有助于维持动物的生存需求，减少受到开发活动的直接影响。

另外，觅食习惯的调整也是动物进行行为适应的一种策略。地质资源开发可能改变当地植被结构、水体质量等，影响到动物的食物资源分布。为了适应这种变化，一些动物可能会改变其觅食地点、食物类型和捕食策略，以更好地适应开发区域的新生态条件。这种觅食行为的调整有助于动物维持能量平衡，确保其生存和繁殖的成功。

行为适应不仅涉及迁徙和觅食，还可能包括领域选择、繁殖习性等方面的调整。一些动物可能会选择更为隐蔽或相对安全的繁殖地点，以规避开发区域的潜在威胁。这种调整有助于提高繁殖成功率，维持种群的稳定性。同时，对于领域选择的调整也可以使动物更好地适应新的生境条件，确保其在开发区域内找到合适的栖息地。

在可持续地质资源开发的框架下，理解和尊重动物的行为适应过程至关重要。通过监测动物的行为变化，科学家和保护者可以更好地了解动物如何适应新环境，并为采取保护措施提供科学依据。同时，合理规划和管理开发活动，减少对动物行为的干扰，有助于实现资源开发与生物多样性的协调共存。综合考虑生态学、行为学等多学科知识，可促进可持续发展的目标的实现，确保地质资源的开发与生物体的生存繁衍之间取得平衡。

### （二）生态修复与植被重建

#### 1.生态修复的重要性

采矿和挖掘活动所引发的植被破坏对生态系统的结构和功能构成了严重的威胁，因此生态修复成为维持和改善生态系统的不可或缺的手段。植被在生态系统中扮演着至关重要的角色，它不仅是地表的自然覆盖层，还通过光合作用、水分蒸腾等过程，参与调节大气成分、维持土壤水分平衡、净化空气和水体等生态功能的过程。采矿和挖掘活动对植被的破坏，直接导致了这些生态功能的受损，对整个生态系统造成了严重的影响。

生态修复的重要性体现在多个方面。首先，生态修复可以促使植被的重新建立，恢复植被的结构和组成。这有助于恢复生态系统的自然覆盖层，防止土壤侵蚀、水土流失等问题的发生。同时，重新引入本土植被种类，有助于维持当地生态系统的多样性和稳定性，促进生态系统的自我调节和演替。

其次，生态修复对水文循环和土壤质量的恢复具有积极作用。植被的根系能够稳固土壤，减缓水分流失，有助于维持地下水位的平衡。生态修复，可以改善土壤的物理结构和肥力，提高土壤的保水能力，减轻生态系统对外部环境的负担。这对于维持水资源的可持续利用，减缓干旱和水资源短缺等问题，具有重要的实际意义。

此外，生态修复还有助于保护和恢复生物多样性。植被是生态系统中生物多样性的基石，为许多野生动植物提供了合适的栖息地和食物资源。恢复植被，可以为野生动植物提供更多的生存空间，促进物种的繁衍和迁徙。这对于维持生态平衡、保护濒危物种、提升生态系统的稳定性都具有重要作用。

#### 2.植被重建的方法

#### （1）引入本土植被

引入本土植被，可以有效增加生态系统的多样性，并提高其稳定性。这一策略的关键在于选择适应当地气候和土壤条件的植物，以确保引入植被的成活率和适应性，从而在地质资源开发的过程中促进生态平衡的维护和生态系统的健康。

引入本土植被是一项常见的生态恢复和保护措施，其目的是通过增加当地植物种类的数量和多样性，恢复或提高受到开发活动影响的生态系统的整体健康。选择本土植被的优势在于它们已经适应了当地的气候、土壤和生态条件，因此更有可能在引入后生存和繁衍。这有助于提高植被的成活率，减少外来植物引入可能导致的生态风险。

在选择适应性强的本土植被时，我们首先需要考虑当地的气候条件。选择与当地气温、湿度、降水等因素相适应的植物品种，有助于确保引入植被在新环境中具有更好的生存能力。其次，考虑土壤条件也是至关重要的，因为土壤的 pH 值、质地和养分含量对植物的生长具有重要影响。选择适应当地土壤条件的植物有助于提高引入植被的适应性。

引入本土植被的过程中我们还需要考虑植物的生长习性和生态位。一些本土植被可能具有对抗侵袭物种的竞争力，有助于恢复当地植被的多样性。同时，选择具有不同生长周期和生态位的植物，可以构建更为复杂和稳定的生态系统结构，提高生态系统的抗干扰素力。

此外，引入本土植被需要结合土地利用规划和生态恢复的具体目标。在开发区域内，可能存在不同的生态系统类型和受到不同程度影响的区域。因此，有针对性地选择适应性强的本土植被，根据不同区域的特点进行合理配置，有助于更好地实现生态系统的修复和保护目标。

（2）合适的土壤修复技术

采用合适的土壤修复技术对于植被的重建至关重要。这涉及一系列方法，包括土壤改良、植被覆盖和水土保持等措施，旨在促进土壤的恢复过程，提高植物的生长条件，从而实现可持续的生态系统重建。

首先，土壤改良是土壤修复的关键步骤之一。这包括改善土壤结构、提高养分含量、调整酸碱度等措施，以创造更适宜植物生长的土壤环境。使用有机物质、有机肥料和土壤改良剂等可以增加土壤有机质含量，改善土壤的保水保肥能力。此外，针对土壤中可能存在的有害物质，采用生物修复或化学修复方法，降低土壤污染程度，为植被的重新建立提供更有利的土壤条件。

其次，植被覆盖是促进土壤修复和生态系统重建的有效手段。引入适应性强、生长迅速的本土植被，可以在短时间内形成覆盖层，保护土壤表面免受侵蚀。这有助于减少水土流失，改善土壤结构，提高植物生长的生境质量。选择适宜的植物种类，如草本植物或具有深根系的树木，有助于稳定土壤，减缓水分流失，为其他植物的生长创造有利条件。

另外，水土保持是土壤修复的关键环节。合理设计和建设水土保持工程，如梯田、护坡、拦沙坝等，可以有效减缓水流速度，防止水土流失，保护土壤结构。这有助于维护土壤中的养分，减轻水体受到污染的风险，同时为植被提供相对稳定的生长环境。

### （三）水体净化和废弃物处理

1.废水处理与水体净化

（1）有效的废水处理手段

有效的废水处理是采矿和加工过程中关键的环境管理措施，旨在减少有害物质的排放，改善水体质量，保护生态环境。采用先进的废水处理技术，包括生物处理、化学处理和物理处理等手段，对于实现可持续地质资源开发至关重要。

生物处理是一种利用微生物、植物或其他生物体来降解和转化废水中有害物质的方法。生物处理过程可以分为自然生态系统的模拟和人工生物处理系统两类。在自然生态系统的模拟中，利用湿地、人工湿地等生态系统来自然净化废水。而在人工生物处理系统中，通过搭建生物反应器，引入特定的微生物菌群，加速废水中有机物的降解。这种方法对于有机废水的处理效果显著，可以有效减少有机物的含量，提高水体的可持续利用性。

化学处理是利用化学反应来去除废水中有害物质的方法。常见的化学处理包括沉淀法、吸附法、氧化还原法等。沉淀法通过添加化学沉淀剂，使废水中的悬浮物、重金属离子等形成沉淀，从而实现废水的净化。吸附法则通过添加吸附剂，如活性炭、氧化铁等，吸附废水中的有机物质。氧化还原法则是通过氧化或还原反应来降解废水中的有机物。这些化学处理方法在处理废水过程中发挥着重要作用，可以高效去除废水中的有害成分。

物理处理主要是通过物理手段来去除废水中的固体颗粒和悬浮物等。常见的物理处理方法包括沉淀、过滤、离心等。沉淀是通过重力作用使颗粒沉降到底部，从而分离出清水。过滤则是通过过滤介质，如砂、石英等，将悬浮物截留在过滤介质上，达到净化水体的效果。离心则是通过旋转离心机，将废水中的悬浮物通过离心力分离出来。这些物理处理方法可以有效去除废水中的固体颗粒，提高水质的透明度和清洁度。

（2）人工湿地的建设

人工湿地的建设是一种高效的水体净化手段，通过模拟湿地生态系统，利用湿地植物和微生物的协同作用，对废水进行净化和处理，达到改善水质、降解有机物质、减轻水体污染的目的。

首先，人工湿地的建设涉及合理规划和设计。在选择建设位置时，我们需要考虑水体的类型、水质状况、周边生态环境等因素。合理的规划可以确保人工湿地与周边环境相协调，更好地发挥净化功能。此外，根据不同水体的特点，我们可以选择不同类型的人工湿地，如表层流湿地、底泥水界湿地等，以提高净化效果。

其次，人工湿地的植被选择至关重要。湿地植物具有较强的吸收和降解有机物质的能力，同时能够提供栖息地和营养物质，促进湿地微生物的生长和活动。常用的湿地植物包括芦苇、香蒲、菖蒲等，它们的根系和叶片可以有效地吸附废水中的污染物，促进微生物降解过程。

在人工湿地的建设中，湿地的水流路径和水力条件也需要得到合理设计。设置适当的水流速度和水深，可以促使废水中的悬浮物沉积，增加湿地对有机物的降解效果。合理设计湿地的水力条件有助于优化湿地的净化效率。

此外，人工湿地的维护和管理是确保其长期稳定运行的关键。对湿地植被的定期修剪和清理，有助于保持湿地的通透性和吸附能力。同时，对湿地水位的合理控制和水质监测也是维护人工湿地效果的重要手段。

2.废弃物处理的科学方法

科学的固体废弃物处理方法对于地质资源开发至关重要，能够有效防止废弃物对生态系统造成负面影响。我们的首要任务是进行科学分类，将废弃物进行有效分离，以便采取相应的处理措施。在地质资源开发中产生的固体废弃物主要包括矿石残渣、开采废弃物和处理过程中的副产物等，这些废弃物的成分和性质千差万别，因此需要根据其具体特征进行科学分类。

可回收利用是固体废弃物处理的关键环节之一。通过科学分类，将可回收的材料有序地进行回收和再利用，不仅减轻了对自然资源的过度开采，还降低了对环境的负担。例如，从废弃的矿石残渣中提取有价值的金属和矿物，经过适当的处理和提炼，可以再次用于生产，形成闭环循环。这不仅减少了对原材料的需求，还降低了新资源开发对生态系统的冲击。

另外，采用可降解的处理方法对固体废弃物进行处理是防止其对土壤和水体造成污染的重要手段。对于一些具有生物降解性质的废弃物，如有机废弃物和植物性废料，我们可以通过堆肥、厌氧消化等技术进行处理，使其在自然环境中迅速分解，成为有机质的一部分，为土壤提供养分。这有助于降低固体废弃物对土壤的负面影响，促进土壤的自然修复过程。

此外，采用物理、化学手段进行废弃物处理也是一种科学的方法。例如，对于含有有害物质的固体废弃物，可以采用物理隔离、化学固化等方法，将有害成分稳定固定，避免其渗透到土壤和水体中。这有助于减少固体废弃物对环境的潜在危害。

在固体废弃物处理过程中，科学监测和管理也是至关重要的一环。建立完善的监测系统，对处理后的废弃物进行环境效应评估，及时发现问题并采取相应措施是确保废弃物处理科学有效的关键。科学的固体废弃物处理，可以最大限度地降低对生态系统的不良影响，实现地质资源开发的可持续性。

### （四）监测和管理生态系统的变化

1.监测指标的选择

在地质资源开发过程中，建立完善的监测系统是确保环境保护和可持续开发的关键一环。为了全面反映生态系统的变化和健康状况，选择合适的监测指标至关重要。这些指标应涵盖水质、土壤质量、植被覆盖等多个方面，以全面了解地质资源开发对环境的影响。

首先，水质指标是监测系统中的重要组成部分之一。通过监测水体中的各类化学物质、微生物和悬浮物等指标，我们可以评估地质资源开发对周边水域的影响。特别关注重金属、化学药品等有害物质的浓度，以及水体的 pH 值、溶解氧等基础水质指标，有助于判断水质的健康状况，及时发现水体污染问题。此外，水体中生物多样性的监测也是评估水质状况的有效手段，通过观察水中生态系统的变化，我们可以更全面地了解地质资源开发对水生生态系统的影响。

其次，土壤质量指标同样是监测系统中不可或缺的部分。地质资源开发往往伴随大规模土地破坏和化学物质排放，因此监测土壤的质量变化对于生态系统的健康至关重要。土壤中的有机质含量、养分水平、重金属浓度等指标是评估土壤质量的关键参数。此外，监测土壤的物理性质，如土壤结构、质地等，有助于了解土壤的稳定性和保水能力，从而为植被的恢复提供基础。

同时，植被覆盖指标也是监测系统的重要组成部分。通过监测植被的覆盖率、植物种类、植被生长状况等指标，我们可以直观地了解地质资源开发对植被的影响。植被是维持土壤稳定、水土保持及生态系统功能的关键因素，因此对植被覆盖的监测可以帮助评估生态系统的整体恢复状况。

2.定期监测与数据分析

定期监测是地质资源开发环境管理的重要手段，其作用在于及时发现生态系统的问题，为采取有效的管理和修复措施提供科学依据。通过定期监测，我们可以全面了解地质资源开发对环境的影响，及时发现潜在问题，并为保护和维护生态系统提供数据支持。

首先，定期监测可以实现对水质、土壤质量、植被覆盖等多个方面的全面覆盖。对于水质监测，定期采集并分析水体中的化学成分、微生物、悬浮物等参数，我们可以及时察觉水体污染情况，保障水质健康。对于土壤监测，通过定期检测土壤中的有机质含量、养分水平、重金属浓度等参数，我们可以全面评估土壤的质量状况，为植被的生长提供合适的土壤环境。植被覆盖的监测涉及植被种类、覆盖率、植物健康状况等多个方面，有助于了解植被的演变过程和地质资源开发对植被的影响。

其次，通过数据分析，我们可以深入了解地质资源开发对生态系统的实际影响。数据分析不仅包括对监测数据的统计和整理，还需进行综合分析，探讨不同环境因素之间的相互关系，找出问题的根本原因。通过对比开发前后的监测数据，我们可以量化地评估地质资源开发对生态系统的影响程度，为后续的环境管理提供科学依据。数据分析还能够帮助确定生态系统的敏感性和恢复能力，为制定更为精准的环境保护政策提供参考。

定期监测和数据分析的结合，不仅有助于发现问题，更能够引导后续的管理与维护工作。通过及时调整开发策略、采取科学有效的生态修复措施，我们可以最大限度地减轻地质资源开发对生态系统的不良影响，实现可持续开发的目标。因此，定期监测和数据分析在地质资源开发的环境管理中扮演着不可或缺的角色，为保护生态环境和实现资源可持续利用提供了坚实的科学基础。

# 第三节　地质资源可持续开发与利用策略

## 一、可持续开发的原则与指导思想

### （一）综合规划和科学规划

#### 1.综合规划

综合规划作为可持续开发地质资源的首要原则，体现了对资源的全面认知和科学管理的追求。在实践中，综合规划要求对地质资源进行深入、全面的评估，以考虑其在地质、化学、地形等多个方面的复杂性和多样性。这种评估不仅仅涉及资源的数量和质量，更包括其地理分布、地质特征及与周边环境的相互关系。通过充分了解地质资源的多层次特性，规划者可以更有效地制定资源开发的策略，以实现最大程度的资源利用效益。

在资源勘探、开发和利用的全过程中，综合规划要求特别注重对不同地区、不同类型地质资源的特点进行全方位考虑。地理环境、气候条件、土地利用状况等因素对资源开发具有深远的影响，因此规划者需谨慎权衡不同因素之间的关系，以确保资源开发活动与当地自然环境和社会经济相协调。这包括在资源开发的初期，对地区的社会结构、生态系统、文化传统等进行详细研究，以了解资源开发可能带来的潜在影响，从而避免逆转的破坏。

综合规划的另一个重要方面是在资源利用中注重可持续性。这包括在资源规划的同时，充分考虑未来世代的需求，避免过度开发和消耗资源。通过制定长期的资源规划策略，规划者可以更好地平衡当前社会经济的需求与未来资源供应的关系，确保资源的可持续供应。

#### 2.科学规划

科学规划在可持续地质资源开发中扮演着关键角色，要求在实施任何开发活动之前都进行全面而深入的科学研究和勘探。这一过程旨在确保对地下资源的准确了解，以便有效评估资源储量、分布和品质，从而为制订合理的开发计划提供科学依据。

在科学规划的实践中，采用先进的勘探技术是至关重要的。这包括但不限于遥感技术和地球物理勘测等现代科技手段。遥感技术通过卫星影像和无人机等工具，提供了地表及其特征的高分辨率信息，为资源勘探提供了全新的视角。地球物理勘测则通过测量地下的物理性质，如地磁、地电、地震等，揭示了地下结构和储层的特征。这些技术的综合运用可以使勘探工作更加全面、高效，为资源评估提供更加准确的数据基础。

科学规划不仅注重资源储量的评估，还强调在开发过程中对可能出现的地质灾害和环境风险的科学评估。这一方面涉及地质构造、岩性分布等地质特征的详细分析，以预测地质灾害的潜在发生可能。另一方面，通过系统评估开发过程可能引发的环境风险，如水土流失、水源污染等，科学规划为采取相应的预防和治理措施提供了基础。

科学规划的目标是通过对地下资源进行全面、精准的了解，降低开发过程中的不确定性，提高资源利用效率，减少环境风险。这一原则的执行有助于确保地质资源的可持续开发，使其更好地服务于社会和经济的需求，同时保护生态环境。在资源勘探和开发的不断演进中，科学规划的应用将不断提升，为更加智能、可持续的地质资源管理提供坚实的基础。

### （二）最大限度地减少对生态系统的影响

#### 1.环境影响评价

在可持续地质资源开发中，环境影响评价是确保资源开发活动与生态环境协调共生的重要环节。该评价过程在资源开发的初期就应当全面展开，其范围涵盖了资源勘探、开发到废弃物处理的整个生命周期。

首先，环境影响评价的全面性要求在资源勘探阶段就展开对生态和环境影响的深入研究。这包括对勘探活动可能引发的土地变化、植被破坏、水质变化等方面的评估。通过遥感技术、地理信息系统等现代科技手段，规划者可以对勘探区域进行详尽的监测和分析，提前识别潜在的环境问题，为后续的资源开发提供科学依据。

其次，环境影响评价需要在资源开发阶段充分考虑生态系统的复杂性和脆弱性。通过对开发活动可能带来的土地破坏、水资源消耗、大气污染等方面进行评估，规划者可以制定科学的环保措施，以减轻对生态系统的不利影响。这可能涉及土地恢复、植被修复、水资源管理等方面的措施，以最大限度地减少对自然环境的破坏。

最后，环境影响评价要求对资源开发的整个生命周期进行考虑。这包括资源利用过程中可能产生的废弃物管理、环境监测等方面。制订科学的废弃物处理计划，防范可能的环境风险，是保障资源开发活动不对当地生态系统造成不可逆破坏的重要手段。合理规划废弃物的处理和利用，可以最大程度地减少对环境的负面影响。

#### 2.环保技术和创新手段

在可持续地质资源开发的背景下，采用先进的环保技术和创新手段是确保资源开发活动最小化对生态系统不良影响的至关重要的措施。这涉及一系列技术和方法的应用，旨在降低能源消耗、减少废弃物排放，以及推动绿色采矿技术等。

首先，降低能源消耗是一项关键的环保技术。在资源开发过程中，能源的高度消耗既对经济造成负担，又对环境产生负面影响。因此，引入能效更高、环境友好的技术和设备是十分重要的。例如，采用先进的节能设备、优化生产流程，以及利用可再生能源等手段，都有助于减少对有限能源资源的依赖，降低开发活动的生态足迹。

其次，减少废弃物排放是环保技术的另一关键方面。传统的资源开发常伴随着大量的废弃物产生，可能对周边环境造成严重的污染。通过采用先进的废弃物处理技术，如再循环利用、高效处置等手段，我们可以最大程度地减少对土地、水源和大气的污染，实现资源循环利用的理念。

另外，推广绿色采矿技术是实现可持续资源开发的创新手段之一。这包括绿色化矿区规划、绿色采矿工艺、环保矿产开采等方面的创新。例如，采用低影响采矿技术、植被恢复工程等手段，能够减缓对自然生态系统的破坏，从而实现资源开发与环境保护的平衡。

引入清洁生产理念，可以更好地整合各种环保技术和创新手段，提高资源利用效率，减轻对自然环境的负担。清洁生产强调通过优化生产流程，减少废弃物生成，提高能源利用效率，实现经济和生态的双赢。这一理念的实施有助于在资源开发中达到可持续性的目标，使资源的利用更为高效，对自然环境的影响更为可控。

### （三）建立社会参与机制

#### 1.公众参与

实现可持续地质资源开发的关键之一是建立广泛的社会参与机制，以确保公众在资源开发决策的过程中能够有效参与。这种参与机制的建立包括在资源项目的规划和实施阶段进行公众听证、征求意见等程序，旨在确保资源开发的过程具有公正、透明和民主的特征。公众参与的目标是通过广泛的社会参与，避免资源开发中可能出现的社会矛盾，提高整个社会对资源开发的接受度。

在项目规划阶段，公众参与体现了一种民主决策的理念。通过组织公众听证会和征求意见，开发方有机会倾听社会各界的声音，了解公众对资源开发计划的关切和期望。这有助于在项目初期发现可能存在的问题，调整规划方案，更好地满足社会的需求。在这一过程中，透明度是关键，确保信息公开和清晰传达是建立公众信任的前提。

在项目实施阶段，公众参与可以通过开展社会影响评价、公众咨询会议等形式进行。社会影响评价是一种系统性的方法，通过评估项目可能对社会和环境造成的影响，为制定合理的环保和社会责任措施提供科学依据。同时，公众咨询会议提供了一个互动的平台，促使公众能够深入了解项目的细节，并提供他们的观点和建议。这种广泛的社会参与不仅可以帮助发现可能存在的问题，还可以增强社会对项目的认同感，提高项目的社会接受度。

公众参与的实施有助于避免资源开发中可能产生的社会矛盾。通过主动与公众进行沟通和合作，开发方能够更好地理解社会的需求和期望，及时作出调整，避免出现激烈的社会抵制。这有助于建立长期稳定的社会关系，为可持续资源开发奠定基础。

#### 2.公正与透明

在可持续地质资源开发中，保障资源开发决策的公正性与透明性是至关重要的，尤其涉及决策层面。为了确保决策程序的公正与透明，我们必须在信息公开、决策过程的公正性、权益平等保护等方面采取一系列措施。这不仅涉及政府和企业的责任，还需要建立科学的决策评估体系，以避免权力滥用和腐败现象的发生，从而确保整个资源开发过程具有公正性和社会责任。

首先，信息的公开是确保资源开发决策公正透明的基础。决策涉及的信息，包括项目的规划、环境影响评估、社会影响评价等，应当向公众充分公开。这有助于社会各界了解决策的全貌，提高决策的透明度。建立信息公开的机制，不仅可以让公众更好地参与决策过程，还能够监督决策者的行为，减少不正当行为的发生。

其次，决策过程的公正性是确保资源开发决策公正性的关键。我们应当建立科学的决策评估体系，明确决策的依据和程序，避免决策者主观偏见的介入。这可以通过设立独立的决策评估机构、引入专业的第三方评估机构等方式来实现。科学的决策评估体系不仅有助于保障决策的公正性，还能提高决策的科学性和合理性。

再次，要确保在资源开发决策中权益的平等保护。各方利益相关者，包括当地社区、环保组织、企业等，应当在决策过程中拥有平等的参与权利。这要求在决策程序中设立合理的参与机制，通过公众听证、征求意见等方式，促使各方充分表达他们的观点和关切。权益平等保护的实现有助于减少社会矛盾，增强整个社会对资源开发决策的接受度。

最后，预防权力滥用和腐败是确保资源开发决策公正性和社会责任的重要手段。建立健全的监管机制、加强决策者的职业道德教育、实行公正的法制框架等都是预防权力滥用和腐败的途径。这些措施，可以有效地维护决策程序的公正性，使资源开发更好地服务于社会的整体利益。

## 二、地质资源管理与保护的法规与标准

### （一）环境法规

#### 1.环境影响评价法规

为规范全球资源开发行为，各国纷纷制定了严格的环境影响评价法规。这些法规的制定旨在确保在任何资源开发活动开始之前，都必须进行全面的环境影响评价，以全面识别潜在的环境问题，并制定科学的环保措施。这些法规的存在不仅是对环境保护的重要承诺，同时也是为了确保资源开发决策在环境方面的全面考虑。

环境影响评价法规的核心要求是在资源开发之前进行全面的环境影响评价。这一过程旨在深入分析资源勘探、开发和利用对周边环境可能产生的各种影响，包括但不限于土地利用变化、水资源质量改变、生物多样性损失等。对这些影响的科学评估，可以更全面地了解资源开发可能带来的环境风险，为后续决策提供科学依据。

此外，环境影响评价法规要求在资源开发决策中制定科学的环保措施。这包括但不限于采取有效的污染防治措施、推动可持续土地利用、制定生态修复方案等。这些措施旨在最小化资源开发活动对环境的负面影响，实现资源的可持续利用。通过对环保措施的详细规定，法规确保了资源开发者在决策中对环境的积极保护，维护生态平衡。

环境影响评价法规的制定还着重强调在资源开发决策中考虑环境保护的因素。这体现在法规对环境影响评价过程中的透明度和公众参与的要求上。法规要求相关方必须向公众充分披露评价的相关信息，同时通过公众参与的程序，让公众对资源开发决策过程有所贡献，确保决策的公正性和合法性。这一机制有助于形成开放、透明的资源开发决策环境，为公众提供监督和参与的渠道。

2.废弃物管理法规

在全球范围内，为了有效管理资源开发过程中产生的废弃物，各国纷纷制定了废弃物管理法规。这一类法规不仅关注废弃物的产生和处理，更关注废弃物对环境和人类健康可能产生的潜在危害，通过对废弃物的分类、处理、处置和监管等方面进行规范，以确保资源开发的全过程中废弃物的管理达到高效、安全和可持续的标准。

首先，废弃物管理法规通常对废弃物的产生源进行分类。不同的资源开发活动可能产生各种类型的废弃物，如固体废物、液体废物、危险废物等。法规通过明确不同类型废弃物的特征和来源，为后续的废弃物处理和管理提供了基础数据。这有助于制定差异化的废弃物管理政策，使不同类型废弃物得到精准处理。

其次，废弃物管理法规对废弃物的处理和处置提出明确要求。这包括但不限于废弃物的减量、回收利用、安全处置等方面。法规通常要求资源开发者在废弃物产生的源头采取措施，最大限度地减少废弃物的生成。同时，通过推动废弃物的回收和再利用，法规促使资源开发过程中的废弃物得以有效利用，降低对自然资源的依赖。对于无法避免产生的废弃物，法规规定了其安全的处置标准，以确保对环境和人类健康的潜在危害降到最低。

此外，废弃物管理法规还强调了对废弃物管理过程的监管和追责。这一方面包括对废弃物处理和处置过程的监测和记录，以便及时发现和纠正问题；另一方面包括对违反废弃物管理规定的行为进行法律追责。通过建立监管体系和追责机制，法规鼓励资源开发者对废弃物的管理进行自我监督，同时对违法行为实施法律制裁，以确保废弃物管理符合法规规定。

## （二）技术标准

1.采矿技术标准

为确保资源开发过程的安全性和可持续性，我们制定了一系列严格的采矿技术标准。这些标准覆盖了采矿设备的设计、操作规范、安全措施等多个方面，旨在提高采矿过程的效率和安全性，同时减少对环境的不良影响。

首先，采矿技术标准对采矿设备的设计提出了严格要求。这包括设备的结构、功能、性能等方面的规范，确保采矿设备能够适应不同地质条件下的采矿需求。标准还要求采矿设备在设计上考虑到资源开发的可持续性，例如减少能源消耗、提高资源利用效率等。通过对设备设计的规范，标准为采矿活动提供了技术保障，降低了事故风险，提高了采矿的整体效益。

其次，采矿技术标准规定了采矿操作的规范。这包括采矿过程中的各个环节，如勘探、爆破、运输等，标准对每个环节的操作流程、技术要求进行详细规定。操作规范的制定旨在确保采矿活动的科学性和可控性，降低操作过程中的事故风险。同时，标准还要求在采矿操作中应充分考虑环境保护，采取相应的措施减少对周围自然环境的不良影响。

安全措施是采矿技术标准中的一个重要组成部分。标准要求采矿企业在采矿活动中必须制订并执行科学的安全管理计划，确保工作人员的生命安全和身体健康。这包括培训人员的安全意识、提供必要的防护装备、建立紧急救援体系等。通过这些安全措施的制定，标准为降低采矿过程中的事故发生率，维护工作者的安全提供了具体的操作指南。

另外，采矿技术标准还注重对环境的保护。标准规定了采矿活动中应采取的环境保护措施，包括但不限于土地恢复、水资源管理、废弃物处理等。这有助于减缓采矿活动对自然环境的不良影响，保障生态系统的可持续发展。

2. 环境保护技术标准

为减少资源开发对环境的负面影响，各国纷纷建立了严格的环境保护技术标准。这一类标准主要包括排放标准、水质标准、土壤保护标准等，旨在通过规范技术手段，有效降低资源开发对环境的不良影响，从而确保环境的可持续性。

首先，排放标准是环境保护技术标准中的重要组成部分。这类标准主要规定了不同产业在生产过程中排放到大气中的污染物的种类、浓度和排放限值。通过对排放标准的制定，各国明确了企业在生产中对空气质量的要求，强调了降低大气污染物排放的必要性。这有助于推动企业引入先进的排放治理技术，减少大气污染对环境和人类健康的危害。

其次，水质标准也是环境保护技术标准的关键领域之一。这些标准详细规定了水体中各类污染物的允许浓度和质量要求。设立水质标准，可以确保水体的质量符合环境和生态系统的要求，防止因污染物超标排放而引发的水质问题。水质标准的制定同时也推动了水资源的合理利用和保护，有助于维护水域生态系统的健康。

此外，土壤保护标准也在环境保护技术标准中占有重要地位。这些标准主要涵盖了土壤中重金属、有机污染物等污染物的允许含量和土壤 pH 值等要求。土壤保护标准的设立，可有效减少资源开发对土壤的污染，确保土壤质量满足农业、生态和人类居住的需要。这有助于维护土壤生态系统的稳定性，防范土壤污染对农业生产和生态环境的不利影响。

环境保护技术标准在全球资源开发中扮演着关键的角色。排放标准、水质标准、土壤保护标准等多方面的规定，为资源开发活动提供了具体的技术要求和操作规范，促使企业引入清洁生产技术，降低对环境的污染。这一系列技术标准不仅有助于改善生态环境，同时也为可持续发展提供了科学的技术支持。

# 第三章 地质环境监测与评价

## 第一节 地质环境监测技术与方法概述

### 一、地质环境监测的基本原理

地质环境监测是一个系统的过程，其基本原理涵盖对各种地质要素的实时、定量监测，借助大数据分析、遥感技术和地理信息系统等手段获取全方位的地质环境数据。这一监测的核心目标在于全面了解自然地质环境的演变趋势，同时深入研究人类活动对地质环境的影响。通过实时监测地质、地貌、土壤、水体等要素，监测系统能够提供高质量的地质环境数据，为环境管理和决策提供科学依据。

监测的原理在于通过先进的技术手段实现对地质环境各要素的全面感知和实时更新，以达到及时发现、分析和解决地质环境问题的目的。大数据分析在地质环境监测中扮演着关键角色，其通过处理海量监测数据，提供全局性的环境趋势和关联性分析，为科学决策提供参考。遥感技术则通过高分辨率卫星影像的获取，实现对大范围地质环境的全时段监测，为监测系统提供直观的数据支持。地理信息系统在整合多源地质数据方面发挥着重要作用，为监测结果的综合分析提供空间信息支持。

地质环境监测的重要性在于为环境管理和决策提供科学依据。通过对地质环境的全面监测，我们可以及时发现潜在的环境问题，为采取有效的环境保护和治理措施提供科学支持。因此，地质环境监测系统的建立和不断完善对于维护生态平衡、保护人类居住环境具有重要的实际意义。

### 二、地质环境监测分类

按照地质环境物质构成要素（水、气、土壤、岩石、生物），地质环境主要分为水环境、岩石环境和土壤环境。

#### （一）按监测对象分类

地质环境监测按监测对象的不同可分为地下水环境监测、岩石环境监测、土壤环境监测及其他相关要素监测。各类监测对象在地质环境中发挥着重要的作用，其监测内容涵盖了多方面的要素，有助于科学管理和维护地质环境的稳定性。

1.地下水环境监测

地下水环境监测的广义概念包括地表水环境与地下水环境,而在具体的监测实践中,本书重点关注地下水环境监测。这一监测的关注重点主要集中在地下水的资源量和质量两个方面。监测内容包括对地下水水位、水温、水量和水质等参数的实时、定量监测。通过这些监测,我们可以全面了解地下水环境的变化趋势,为水资源的科学管理提供可靠数据支持。

2.岩石环境监测

岩石环境监测的对象是岩石圈中的岩石部分,包括坚硬岩石与松散岩石。岩石圈中的岩石不仅是丰富的矿产资源的来源,还与地球物质和能量的输送密切相关,对人类的生存和发展具有重要意义。因此,岩石环境监测的核心关注点在于岩石的变形和移动。监测内容包括地表位移形变、深部位移、分层土体变形、岩土体物理性质与力学指标等。这些监测有助于及时发现潜在的地质灾害风险,为岩石资源的可持续利用提供科学依据。

3.土壤环境监测

土壤环境监测的对象是岩石圈的表部土壤层,与人类的繁衍密切相关。土壤环境监测的关注点主要在于土壤的质地和重金属含量。监测内容包括土壤盐分、土壤有机质、土壤化学元素和土壤物理性质指标等。这些监测有助于了解土壤的肥力状况、环境健康状况,为农业生产和土地利用提供科学依据。

4.其他相关要素监测

除了地下水环境、岩石环境及土壤环境这三大监测要素外,还有一些对地质环境变化同样至关重要的其他要素。这些要素包括降水量、损毁植被面积、地声、泥位等。这些要素的监测对于维护生态平衡、预防自然灾害、保护生物多样性等方面具有重要意义。

地质环境监测对象的分类和相应的监测内容构成了地质监测体系的重要组成部分,通过全面监测这些要素,我们可以更好地理解和应对地质环境的动态变化,为科学决策和可持续发展提供坚实的基础。

## (二)按地质环境问题和管理分类

按地质环境问题和管理可分为地质灾害监测、地下水地质环境监测、矿山地质环境监测、地质遗迹监测和其他相关地质环境监测。

1.地质灾害监测

(1)地表形变监测

地表形变监测旨在通过卫星遥感、激光雷达等技术手段,定期获取地表的高程、形态等信息,以识别可能发生滑坡、崩塌与泥石流等灾害的潜在区域。结合地质构造、地貌特征等,提前预警可能发生的地质灾害。

(2)地下水位监测

地下水位监测通过建立监测井网,定期测量井内水位,了解地下水位的动态变化。这有助于预警地质灾害中可能涉及的地下水位上升引发的问题,如地基液化和地下水涌出。

（3）地裂缝监测

地裂缝监测通过地形测量、卫星影像分析等手段，对地表裂缝进行监测。这有助于及时发现地裂缝的形成与扩展，预防地裂缝引发的地质灾害。

2.地下水地质环境监测

（1）地下水质监测

地下水质监测通过采样、分析地下水中的化学成分，监测水质变化。特别关注可能导致地下水污染的因素，确保地下水资源的可持续利用。

（2）地下水位监测

地下水位监测是定期测量水井中水位的高度，以掌握地下水位的时空变化。这有助于预警地下水超采和水位上升引发的问题，维护地下水环境的稳定性。

3.矿山地质环境监测

（1）矿山地质灾害监测

矿山地质灾害监测通过布设监测点，实时监测地面塌陷、裂缝、崩塌、滑坡等灾害的发展趋势。这有助于提前预警矿山地质灾害，采取有效的防控措施。

（2）水土污染监测

水土污染监测主要关注矿山活动对周边水体和土壤的影响。采用水质采样、土壤分析等手段，监测重金属、化学物质等对环境的污染情况，制定污染治理策略。

（3）地形地貌景观监测

地形地貌景观监测通过遥感技术和地理信息系统，监测矿山开发对地表地貌和景观的影响。这有助于保护自然生态环境，减轻矿山活动对景观的破坏。

4.地质遗迹监测

（1）古生物遗迹监测

古生物遗迹监测通过对古生物遗迹的发现和记录，定期进行监测。这有助于了解地质历史和生物演化，提出古生物遗迹的合理保护对策。

（2）地质构造遗迹监测

地质构造遗迹监测主要关注构造地貌、地层等地质特征的变化。通过地质调查和监测，保护和管理重要的地质构造遗迹，维护地质遗迹的完整性。

5.其他相关地质环境监测

（1）水土污染监测

水土污染监测通过监测水体和土壤中的污染物浓度，评估水土环境的污染状况。通过监测污染源、污染物扩散等信息，采取相应的治理措施，保护地质环境。

（2）地热监测

地热监测通过温度探测、地热勘查等手段，监测地下地热资源的分布和变化。这有助于合理利用地热资源，推动清洁能源的发展。

（3）矿泉水监测

矿泉水监测关注矿泉水源的水质、水量等情况。通过常规采样和分析，保证矿泉水的质量，维护矿泉水的可持续开发和利用。

### （三）按动力作用主体分类

按动力作用主体可分为自然地质环境监测、受工程建设影响的地质环境监测。

1. 自然地质环境监测

（1）地下水环境监测

地下水环境监测致力于追踪地下水水位和水质的自然变化，以评估地下水资源的可持续性。通过定期采样和分析地下水，监测地下水位、水质及其变化趋势，为合理开发和管理地下水资源提供科学依据。

（2）土壤环境监测

土壤环境监测关注土壤的质量和变化，包括土壤结构、成分、含水量等方面。通过采用现代化的土壤采样和分析技术，监测土壤的物理、化学特性，以及土壤质量的时空变化，为土地利用规划和环境管理提供数据支持。

（3）岩石环境监测

岩石环境监测侧重于岩石土层的变形与稳定性。通过地质雷达、地面测量等先进技术，监测岩石土层的地表变形、地下变形等，提前发现可能引发地质灾害的迹象，为地质灾害防治提供科学基础。

2. 受工程建设影响的地质环境监测

（1）地下水位变化监测

在工程施工过程中，抽取地下水可能导致地下水位的变化。通过地下水位监测仪器，实时监测地下水位的升降情况，及时预警潜在的水文效应，以保护地下水资源和生态系统。

（2）边坡稳定性监测

工程建设中的坡脚开挖可能导致边坡失稳。使用监测仪器，如倾斜仪、位移仪等，对施工现场进行实时监测，以及时发现并采取措施避免或减轻边坡失稳带来的风险。

（3）矿山开采影响监测

矿山开采可能引发采空区塌陷、水资源和土地资源破坏等问题。布设监测网，监测矿山开采对周边地质环境的影响，实时掌握采矿活动引起的地质环境变化，为环境保护和资源管理提供数据支持。

## 三、地质环境监测技术方法类型

地质环境监测技术是地质环境保护的基础，是随地质环境科学的形成和发展而产生、发展的。它是运用现代科学技术方法测取地质环境变化数据资料，监视和监测地质环境质量及其变化趋势的过程，具有综合性、发展性等特点。综合分析现有地质环境监测工作采用的仪器设备,又可以分为 3 类:接触式监测、非接触式监测和采样测试式监测。

## (一)接触式监测

### 1. 基础测量

基础测量是地质环境监测中的一项重要技术,其中地面沉降监测是其主要应用之一。在监测区域布设沉降点,并运用高精度的测量仪器,如水准仪、全站仪等,对地表进行直接接触式的沉降测量。这种方法通过实时监测地面的垂直位移,能够准确、精细地记录地面沉降的速率和幅度。

在实施基础测量时,首先在监测区域选定代表性的地点,设置沉降点,这些点通常位于可能发生沉降的关键区域,如建筑物周围或地质灾害易发区,随后,使用水准仪或全站仪等仪器,对这些沉降点进行定期测量,以获取地面沉降的具体数据。

地面沉降监测的精度对于预测土地沉降、评估风险及制定有效的地质环境管理策略具有重要意义。我们对沉降速率和幅度的准确监测,可以及早发现地下结构变形的迹象,为地质灾害的防范提供及时的数据支持。此外,地面沉降监测还能为城市规划、土地利用管理等决策提供科学依据,确保地质环境的稳定性和可持续性。

在实践中,基础测量技术的应用还涉及数据处理和分析,通过建立监测数据的模型,我们可以更全面地了解地表的变化趋势,并对未来可能的沉降情况进行预测。因此,基础测量作为一种接触式监测方法,在地质环境监测中发挥着关键的作用,为科学管理和有效利用地质资源提供了可靠的技术手段。

### 2. 埋设仪器设备

埋设仪器设备是接触式监测中一种常见的有效方法,其中包括地裂缝计监测等技术。这种监测方式将监测设备埋设于地下,直接接触地层,实时感知并记录地下变形的情况。特别适用于需要对地层变形进行高精度监测的场景,能够提供详细准确的监测数据。

在实施埋设仪器设备监测时,我们首先需要选择监测区域,并在关键位置埋设地裂缝计等仪器。这些关键位置通常是在可能发生地质变形的区域,例如断裂带、地质褶皱等。通过埋设的监测设备,我们可以直接感知地下岩土体的运动和变形情况。

地裂缝计是一种常用于地质环境监测的仪器,其原理是通过监测地下岩土体的微小变形,来判断可能出现的地裂缝情况。这些仪器通常配备有高灵敏度的传感器,能够实时采集地下变形的数据。监测结果可以通过数据采集系统传输到监测中心,进行实时监测和分析。

埋设仪器设备的接触式监测方法在实践中被广泛应用于地质环境监测、地质灾害预警等领域。通过这种方式,我们可以及时发现地下结构的微小变形,为预防和治理地质灾害提供重要的技术手段。这种高灵敏度的监测方法对于保障地质环境的安全性和稳定性具有显著的意义。

## (二)非接触式监测

### 1. 遥感监测

遥感监测是一种基于远距离感知技术的地质环境监测方法,利用卫星、航空器等平台搭载激光雷达、红外传感器等设备，实现对监测区域地表的高精度远距离观测。这种监测手段在地质环境监测领域具有广泛的应用，可用于监测地质灾害、地表变化等现象，为科学研究和资源管理提供大范围的监测数据。

遥感监测的核心技术包括激光雷达遥感和红外传感器遥感。激光雷达遥感技术通过发射激光束并记录其反射时间，可以获取地表的高程信息，实现对地形的高精度测量。红外传感器则能够探测地表的温度、植被覆盖情况等参数，为地质环境监测提供多样化的数据。

遥感监测具有以下特点：

广泛应用：遥感监测可以覆盖大范围的地域，适用于对广阔地区进行系统监测和分析。

实时性：通过卫星和航空器的高速数据传输，监测数据能够在相对较短的时间内获得，提供及时的监测结果。

非侵入性：遥感监测不需要直接接触监测对象，避免了对自然环境的扰动，尤其适用于对敏感地区的监测。

在地质灾害监测方面，遥感技术可以识别和监测地表裂缝、滑坡、泥石流等地质灾害迹象。此外，其在资源勘探、环境保护和城市规划等领域也有着重要的应用，为科学决策和灾害管理提供了丰富的信息支持。通过遥感监测，我们能够更全面、及时地了解地质环境的动态变化，为环境保护和可持续发展提供有力的科学依据。

2. 视频监测

视频监测是一种非接触式的地质环境监测方法，通过摄像机等设备记录监测区域的实时影像，为地表变化、工程施工等提供高质量的实时监测数据。这种监测方式利用计算机视觉技术进行图像分析，可提供定量的监测数据，为科学研究和实际工程提供重要的信息支持。

视频监测的核心原理是通过摄像机对监测区域进行全天候实时录制，产生大量的视频数据。这些视频数据可以用于监测地表的动态变化，如土壤沉降、地裂缝形成等。视频监测可应用于多个领域，包括但不限于地质环境监测、工程建设监测、自然灾害监测等。

视频监测的优势包括：

实时性：视频监测能够提供实时的监测结果，及时捕捉到发生的变化，为灾害预警和紧急处理提供支持。

全天候监测：摄像机可以在白天和黑夜、恶劣天气条件下进行监测，保证了监测的全天候性。

定量数据分析：利用计算机视觉技术，视频监测可以进行图像分析，提供定量的监测数据，有助于科学分析和研究。

在地质环境监测方面，视频监测可用于监测地表形变、地裂缝扩展、泥石流等地质灾害的演变过程。在工程施工监测中，它可以实时记录施工现场，帮助管理人员监控工程进展和安全状况。总体而言，视频监测作为一种先进的监测手段，为地质环境管理和工程实践提供了高效、可靠的监测方案。

### （三）采样测试式监测

#### 1. 地下水采样测试

地下水采样测试是地质环境监测中的一项关键技术，通过在监测区域设置水井、钻孔等地下水采样点，采集地下水样品进行实验室测试。这一监测方式致力于获取地下水的关键信息，包括水位、水温、水质等多个参数，为全面了解地下水环境状况提供了重要的定量数据。

在实施地下水采样测试时，我们首先在监测区域选择有代表性的地下水采样点，通常这些点位于可能受到地质活动或人类活动影响的区域。通过设置水井或进行钻孔，我们可以直接进入地下水层，以获取地下水的样品。采样过程需要严格遵循采样点的选择、采样设备的清洁和消毒、采样流程的规范等程序，以确保采样结果的准确性和可靠性。

采集到的地下水样品在实验室中将受到详尽的测试，其中包括水质分析、化学成分检测、微生物监测等多个方面。这些测试结果能够揭示地下水中各种物质的浓度、组成和特性，为评估地下水环境的健康状况提供了科学依据。

地下水采样测试的数据不仅用于监测地下水环境的污染程度，还能够帮助预测地下水的动态变化趋势。通过长期的监测和分析，我们可以更好地了解地下水层的演化过程，及时发现潜在的环境问题，并采取合适的措施进行治理。

#### 2. 土壤采样测试

土壤采样测试是地质环境监测的重要组成部分，通过在监测区域采集土壤样品并在实验室进行综合性的物理和化学测试，以全面了解土壤的成分、性质、含水量等关键参数。这一监测方法旨在为土地利用规划和环境管理提供科学依据，确保土壤的健康和可持续利用。

在进行土壤采样测试时，我们首先需要在监测区域合理选择代表性的采样点。采样点的选择应考虑地质特征、土地利用情况、植被类型等因素，以确保采集的土壤样品具有代表性。采样点通常通过土壤钻孔或土壤钻取器获取，深度的选择通常与监测目的相关，可以包括表层土壤和深层土壤。

采集到的土壤样品在实验室中将接受一系列物理和化学测试。物理测试包括土壤颗粒分析、土壤结构分析等，而化学测试则涵盖土壤 pH 值、有机质含量、养分元素含量等多个方面。这些测试结果提供了详细的土壤特性和组成信息，为土壤的肥力、透水性、抗风蚀性等方面提供了科学依据。

通过土壤采样测试，我们可以全面了解土壤的质量和变化趋势，帮助评估土地的可持续利用性。此外，对于农业、城市建设和生态环境保护等方面，土壤采样测试的数据也能够为土地利用规划和资源管理提供科学依据。

# 第二节　地质环境评价指标体系建设

## 一、地质环境评价的概念与目标

### （一）地质环境评价的概念

1. 概念的延伸

地质环境评价作为一项系统性的评估方法，以全面、客观的调查和分析为手段，旨在深入了解地质环境质量。其概念的延伸体现在对地质环境中各种因素的综合考虑上，这些因素涵盖了地质、生态、社会等多个方面，这使得评价方法更具全面性和复杂性。

在地质环境评价的概念中，系统性是其核心特征之一。通过系统性的调查，评价可以覆盖地质环境中的各种要素，从而提供一个全景式的环境质量图景。这种方法不仅关注地质质量，还将关注点扩展到与地质环境相关的生态和社会因素上，使得评价结果更加综合、真实。

评价的全面性进一步体现在对多因素的综合考虑上。地质环境是一个复杂的系统，其质量受到地质构造、土壤质地、植被覆盖等多方面因素的影响。通过全面考虑这些因素，评价能够更全面地了解地质环境的整体情况，为决策提供更可靠的数据基础。

此外，地质环境评价方法在概念延伸中强调了对多样性的认识。地质环境的多样性不仅包括不同地域的差异，还包括时间尺度上的变化。评价方法需要适应不同地域和时段的多样性，以保证评价结果具有普适性和时效性。

2. 综合分析方法

地质环境评价的核心在于采用定量和定性相结合的综合分析方法。这种方法通过数据的全面收集、监测过程的系统执行及模型分析的科学运用，对地质环境的各个方面进行深入研究，从而形成客观、全面的评价结果。

首先，数据收集是综合分析方法中的重要步骤。评价过程中需要搜集包括地质质量、生态系统状态、社会经济活动等多方面的数据。这些数据既可以通过实地调查和监测获得，也可以通过遥感技术和地理信息系统等现代技术手段获取。数据的收集覆盖了多个层面，确保了评价的全面性和真实性。

其次，监测是综合分析方法中的实时反馈环节。在特定地域设置监测点，采用各类监测仪器，对地质环境的动态变化进行实时监测。这一步骤使得评价工作具有时效性，能够捕捉到环境变化的即时信息，为评价结果的准确性提供有力支持。

最后，模型分析是综合分析方法的精髓。建立地质环境评价的模型，科学地整合各类数据和监测结果，进行定量和定性的分析。这不仅有助于深入理解地质环境的内在关系，还能为环境质量的客观评价提供科学依据。模型的建立应考虑到地质体质量、水土保持、地质灾害易发性等多个方面，以全面、系统地展现地质环境的综合特征。

3.多层次因素考虑

地质环境评价的概念强调在评估过程中全面考虑多层次因素，这要求我们不仅关注自然地质条件，还需充分考虑人类活动对地质环境的直接和间接影响，以形成对地质环境全貌的全面了解。

在评价的多层次因素中，我们首先需要深入研究自然地质条件。这包括对地质构造、岩石性质、地形地貌等自然地质因素进行详尽的调查和分析。在了解地质体质量的基础上，我们可以进一步考虑土壤、植被、水体等自然生态系统因素，形成对自然地质条件的全面认知。

其次，评价过程中要考虑人类活动对地质环境的直接影响。这包括矿产开发、城市建设、工业生产等人类活动对地质体的改变和影响。需要关注的方面包括土地利用变化、水资源开发、采矿活动等，这些活动可能导致土地沉降、水土流失、地质灾害等问题。

同时，我们也要重视人类活动对地质环境的间接影响。这包括人类社会经济活动对生态系统、气候变化等因素的影响，进而对地质环境产生溯源效应。例如，气候变化可能引发极端天气，增加地质灾害的风险。

### （二）地质环境评价的目标

1.了解地质环境现状

地质环境评价的核心目标之一是通过深入调查，全面了解当前地质环境的各种状况。这一过程涉及多方面的因素，包括地形地貌、岩层分布、地下水状况等。

首先，在了解地质环境现状时，地形地貌是一个关键的考察对象。通过详细的地形地貌调查，我们可以揭示出地表的形态特征，包括山脉、河流、平原等。地形地貌的了解不仅有助于理解地表的自然特征，还能为环境演变和地质灾害的研究提供基础数据。

其次，岩层分布也是评价的重要方面。详细研究不同地区的岩石类型、岩性组合，可以揭示地下构造、地质构造演化过程，为地质灾害评估和资源开发提供重要信息。这方面的调查工作还能为地下水的形成、分布、流动等提供依据，对地下水资源的合理开发和利用具有重要的指导作用。

另外，地下水状况的了解对地质环境评价至关重要。通过水文地质调查，我们可以获取地下水位、水质、水文特征等信息。这对于预防地下水污染、合理管理水资源，以及减轻旱、涝灾害等具有重要的实践意义。

2.评估人类活动的影响

地质环境评价的关键任务之一是全面评估人类活动对地质环境的影响。这涵盖了多个方面，其中包括采矿、土地利用变化及基础设施建设等对地质环境的直接和潜在影响。

首先，采矿活动对地质环境的影响是一个重要方面。采矿可能导致地表破坏、土地变形、地下水位下降等问题。地表矿山开采可能导致土壤侵蚀和水土流失，同时废弃矿区的治理也是一个重要的问题。评估采矿活动对地质环境的影响需要考虑矿区地质特征、水文地质条件、生态系统状况等因素。

其次，土地利用变化是另一个需要关注的方面。随着城市化和农业发展，土地的大规模利用发生了变化，这可能引起土地覆盖和土地使用变更。城市扩展、农田开垦等活动可能导致土地的不同程度的退化和生态系统破坏，进而影响地质环境的稳定性。

此外，基础设施建设也对地质环境产生直接和潜在的影响。道路、桥梁、隧道等建设工程可能改变地下水流动、增加地表水土流失的风险，甚至引发地质灾害。评估这些基础设施对地质环境的潜在风险需要全面考虑工程区域的地质条件、水文地质特征等因素。

### 3. 制定环境保护措施

制定科学合理的环境保护措施是地质环境评价的重要目标之一。通过识别潜在的环境问题，我们可以提出一系列可行的、有针对性的措施，从而保障地质环境的可持续性发展。

首先，针对可能存在的地质灾害风险，采取相应的防治措施。例如，在高风险区域建设护岸、设置防滑坡结构，以减缓或防止地表塌陷、滑坡等灾害的发生。这需要充分了解地质环境的特征，以制订出具体而有效的灾害防治计划。

其次，对于采矿活动可能带来的地表破坏和水土流失问题，可推行合理的矿山复垦计划。这包括植被恢复、水土保持工程的实施等，以最大程度地减少矿区对地质环境的负面影响。

在城市化进程中，土地利用变化可能引起生态系统破坏和土地资源的浪费。因此，环保措施可以包括合理规划城市用地，提倡绿色建筑和可持续土地利用，以保护原有的生态平衡。

此外，基础设施建设过程中，对地下水流动和地表水土保持的关注也至关重要。建设适当的水土保持工程，规范工程建设，可以最大程度地减少对地质环境的不利影响。

在提出环保措施时，我们需要考虑地质环境的特定情况和区域差异，因地制宜，确保措施的实施符合地质环境的实际需求。制定科学的环境保护措施有助于促进地质环境与社会经济的和谐发展，为未来可持续性的地质环境提供了坚实的基础。

### 4. 规划可持续发展方向

地质环境评价不仅是对当前状况的全面了解，更是为未来可持续发展提供战略方向的重要手段。通过评价结果，制定合理的发展策略，我们可以确保在人类活动中兼顾地质环境的健康和可持续性，促进地球资源的有效利用。

首先，评价结果为未来的土地利用规划提供了科学的参考。了解地质环境的特征和脆弱性，我们可以制定出符合地质条件的土地开发策略，避免对地质环境的不良影响。在城市化进程中，科学的土地规划可以确保城市的合理扩张，减少土地资源的浪费，同时保护自然生态系统。

其次，对于地质灾害的评估可以指导防灾规划的制定。识别高风险区域，并在规划中采取相应的措施，如建设防护结构、规划避灾区域等，有助于减轻潜在灾害带来的损失。

这种规划能够最大程度地保障居民的生命财产安全，降低灾害对社会的负面影响。

此外，评价还可为资源开发提供指导。了解地质环境中的自然资源分布和可持续性，有助于科学规划资源的开发利用。在采矿活动中，我们可通过合理规划矿区，减少对地表的破坏，提高资源的开发效率，确保资源的可持续开发和利用。

## 二、评价指标的选择与体系构建

### （一）评价指标的选择

评价指标的选择是地质环境评价的核心，应涵盖多个方面，如地质质量、水土保持、地质灾害易发性等。常见的指标包括：

1. 土地覆盖变化

土地覆盖变化作为地质环境评价的重要指标，通过监测和分析土地利用类型及其演变情况，为深入了解人类活动对地表的影响提供了关键信息。在考察这一指标时，我们需要综合考虑不同土地类型的特性，包括城市、农田、森林和湿地等。

城市扩张与用地变更是土地覆盖变化的关键方面之一。通过评估城市扩张对土地的占用情况，我们可以了解城市用地规划的合理性和城市建设对周边生态系统的潜在影响。这包括对城市用地是否符合规划、是否存在乱占耕地等问题的评估。城市扩张往往伴随着土地的表面改变、生态系统破坏，因此对其进行综合评估有助于制定可持续的城市发展策略。

农田利用和耕地保护是土地覆盖变化中另一个重要方面。通过观察农田的种植结构和农业活动对土地的影响，我们可以评估土地的农业可持续性和生态健康状况。耕地的合理利用和保护对于维护粮食安全和土地生态系统的平衡至关重要。因此，对农田利用的监测和评估有助于制定科学的农业发展政策。

森林覆盖状况作为土地覆盖变化的重要组成部分，通过监测森林覆盖率，我们可以了解森林资源的动态变化，评估植被对土地的稳定性和生态功能的贡献。森林覆盖的减少可能导致生态系统服务功能的下降，包括水土保持、气候调节等。因此，对森林覆盖状况的综合评估对于保护生态平衡至关重要。

湿地变化是土地覆盖变化中需要关注的又一方面。湿地对于维护生态平衡、水资源调节和生物多样性保护具有重要作用。通过关注湿地面积的变化，我们可以考察湿地对地质环境的保护作用，并防范湿地退化对生态系统的不良影响。湿地的合理管理与保护有助于维护地下水位稳定、减缓洪灾等。

2. 土地退化程度

土地退化程度作为评估土地资源质量的重要标志，综合考虑了土地的物理、化学和生物学方面的变化。在选择相关指标时，我们必须全面考虑不同土地类型的特点，以确保评价的全面性和准确性。

土地侵蚀是评估土地退化程度的重要指标之一。通过监测土壤侵蚀程度，我们可以了解土地表面的剥蚀情况，评估土壤质量的变化。土地侵蚀导致土壤层的逐渐丧失，对植被生长和水土保持产生负面影响。因此，对土地的侵蚀程度的评估有助于制定防治措施，保护土壤资源。

土壤质地和结构是土地退化程度评估的另一个关键方面。通过分析土壤的质地和结构，我们可以了解土壤的物理性质，进而评价土壤的健康状况。不同土地类型具有不同的土壤性质，而土壤的改变可能影响植被的根系生长、水分渗透和土壤通气性。因此，对土地质地和结构的评估有助于深入了解土地的退化状况。

土地污染程度是评估土地退化的又一重要因素。通过评估土地是否受到人类活动的污染，我们可以了解工业排放、化肥农药使用等对土地的不良影响。土地污染不仅对植被和土壤造成危害，还可能对水体和生态系统产生长期的不良影响。因此，对土地污染程度的评估有助于采取有效的污染治理和修复措施，维护土地生态环境。

土地荒漠化是另一个需要考虑的关键因素。通过观察土地是否存在荒漠化现象，我们可以评估土地的干旱化趋势和土地植被的状况。荒漠化导致土地逐渐失去肥沃的表层土壤，对生态系统和农业产生严重的影响。因此，对土地荒漠化的评估有助于采取措施防治干旱，维护土地的生态平衡。

3. 水土流失情况

水土流失情况是评估地质环境的一个关键方面，特别是在高风险地区，如山地和丘陵。以下是水土流失情况的主要考察和评估方面：

坡面侵蚀是水土流失评估中的重要指标之一。通过分析坡面的侵蚀程度，我们可以了解降雨和径流对地表的冲蚀作用，从而评估土地的稳定性。坡面侵蚀直接影响土壤的质量和结构，对植被和水体造成负面影响。因此，对坡面侵蚀的评估有助于采取相应的土地保持措施，减缓水土流失的过程。

河流泥沙输移是水土流失中一个关键的方面。通过考察河流泥沙的输移情况，我们可以了解水体对土地的侵蚀效应，评估河流沉积物的影响。河流泥沙的输移可能导致河道淤积、水质恶化及河岸的退化，对水生态系统和土地资源造成潜在威胁。因此，对河流泥沙输移的评估有助于制定维护水体和土地生态平衡的措施。

土地利用对水土保持的影响是水土流失评估的另一个重要方面。通过分析不同土地利用类型对水土保持的贡献，我们可以评价人类活动对水土流失的影响。不同的土地利用方式对水土保持产生不同的影响，例如农田、林地和城市地区的土地利用差异可能导致水土流失程度的不同。因此，对土地利用的影响进行全面评估有助于优化土地管理和规划，减少水土流失的潜在风险。

植被覆盖是水土保持中的重要因素。观察植被的覆盖情况有助于评估其在水土保持中的作用。植被通过根系的牵制作用、叶片的遮阴作用等，能够有效减缓坡面侵蚀过程，降低水土流失的发生概率。因此，对植被覆盖情况的评估有助于制定保护植被、维护生态平衡的策略。

## （二）体系构建

评价指标体系的构建需要充分考虑地区特点和评价目的。体系的建立应综合考虑各指标之间的相互关系，确保评价结果全面准确。例如，可以建立包括地质状况、生态系统健康、社会影响等方面的多层次、多维度的评价指标体系。

1. 评价指标体系的构建理念

地质环境评价的评价指标体系构建应当契合科学理念，其目标是全面、准确地反映地质环境的整体健康状况。构建理念必须在考虑地区特点和评价目的的基础上，确保评价结果具备科学性、实用性和可操作性。体系建设的首要目标是建立多层次、多维度的评价指标，以便全面覆盖地质环境的各个方面。这一目标可以通过对地质状况、生态系统健康、社会影响等多方面因素的考量来实现。

在地质状况层面的指标建设中，考虑地形地貌特征至关重要，包括山地、平原、丘陵等地貌类型的分布。这些特征直接关系到地质灾害的易发性，对地质环境评价起到决定性的作用。同时，岩层分布和岩性特征的考虑是必不可少的，以评估不同岩性对地质环境基础状况的稳定性和对水土保持的影响。地下水位和水质方面的指标则有助于全面了解地下水资源状况及其对地表和地下环境的影响。

生态系统健康层面的指标建设考虑了植被覆盖率、物种多样性和生态服务功能等因素。植被覆盖率对于水土保持至关重要，物种多样性反映了生态系统的多样性和稳定性，而生态服务功能评估了生态系统为地质环境提供的各种服务，包括水源涵养和土壤保持等。

社会影响层面的指标建设包括土地利用变化、人类活动对水资源的利用及社区满意度等方面。土地利用变化的监测能够揭示人类活动对地表的影响，人类活动对水资源的利用则考虑了城市化、农业用水等因素，社区满意度的调查则是了解居民对地质环境感知和满意度的有效途径。

2. 评价指标体系的层次结构

评价指标体系的层次结构应当具备层次清晰、条理分明的特点，以在评价过程中有序地选择指标，使评价结果更具操作性。为此，一个合理的评价指标体系应包含基础层、中层和顶层三个层次。

基础层是评价指标体系的基础，包括地质基础信息、生态基础信息和社会基础信息。地质基础信息涵盖了地质地貌和岩层分布等基础地质信息，生态基础信息包括植被类型、物种分布等基础生态信息，而社会基础信息则包括人口分布、土地利用类型等基础社会信息。这一层次的信息为后续评价提供了必要的背景和基础数据。

中层是评价指标的深化层次，包括地质状况评价、生态系统健康评价和社会影响评价。在地质状况评价中，通过对地下水位、地形地貌等指标的综合评估，我们形成对地质状况的中层次评价。生态系统健康评价通过对植被覆盖、物种多样性等指标的评估，形成对生态系统健康的中层次评价。社会影响评价通过对土地利用变化、人类活动对水资源的利用等指标的综合考察，形成对社会影响的中层次评价。这一层次通过深入挖掘基础层次的信息，对地质环境进行更加具体和精准的评估。

顶层是评价指标的综合层次，包括地质环境整体评价。在这个层次上，各种层次的评价结果被综合考虑，形成对地质环境整体状况的顶层评价。这一层次的评价结果为制定科学的环境保护政策和推动地质环境可持续发展提供了综合的依据。

这样的层次结构既保证了评价指标的全面性，又使得评价过程更为有序和可操作。通过这种层次结构，评价者可以有针对性地选择和应用各层次的指标，确保评价结果既具备科学性，又能为实际环境保护和规划提供可行的建议。

3.指标间的相互关系和权重分配

在构建评价指标体系时，我们必须考虑指标之间的相互关系和合理的权重分配，以确保评价结果更为准确和全面。指标之间存在着密切的相互联系，而不同指标的重要性也会在评价的不同层次中发生变化。因此，我们需要通过专业意见和数据分析，为每个指标确定相应的权重，以科学而客观的方式进行评价。

在指标的相互关系方面，地质基础信息与地质状况评价之间存在直接联系。地质基础信息提供了地质状况评价所需的基础数据，因此这两者之间的关系非常紧密。类似的，生态基础信息与生态系统健康评价之间也存在直接联系，因为植被类型和物种分布对生态系统的稳定性有着显著的影响。社会基础信息与社会影响评价之间的关系同样紧密，因为人口分布和土地利用类型与社会影响密切相关，而土地利用的变化往往受到人口密度和城市化水平的影响。

在权重分配方面，我们需要根据专业分析和数据支持来确定每个指标的相对重要性。地质基础信息在整体评价中可能占据较小的权重，但在地质状况评价中可能扮演更为重要的角色，因为它直接关系到地质环境的基础状况。生态基础信息可能在整体评价中占据较大权重，因为生态系统的健康状况直接反映了地质环境的可持续性。社会基础信息可能在社会影响评价中占据重要地位，因为人类活动对地质环境的影响往往与人口、土地利用等密切相关。

# 第三节　地质环境风险评估与预警机制

## 一、地质环境风险的定义与分类

地质环境风险是指由于各种自然和人为因素相互作用，可能对地质环境造成危害的概率。这种风险主要分为两大类：地质灾害风险和人为活动引起的地质环境风险。

### （一）地质灾害风险

地质灾害风险主要涵盖由地球自身的运动引起的灾害，包括地震、滑坡、泥石流等。这类风险主要由自然因素触发，其威胁程度和频率较难控制。

1. 地震风险

地震是地球内部能量释放的极其强大的现象，其对地质环境构成严重而广泛的威胁。风险的评估需要考虑多个因素，以全面了解和量化潜在的地震危险。

首先，地震频率是评估地震风险的重要因素之一。通过长期的地震活动历史数据，我们可以统计出地震在一定时间内发生的次数，从而确定某个地区的地震频率。高频率的地震活动意味着该地区更容易受到地震的影响，因此需要更为严密的监测和防范措施。

其次，地震烈度是指地震对地表的影响程度，通常用震级表示。不同的地震烈度会导致不同程度的地质环境破坏。评估地震风险时，我们需要考虑可能发生的各种震级，并研究其对地表和地下结构的潜在影响，以便制定相应的风险缓解策略。

另外，人口密度也是地震风险评估的重要考量因素。在高人口密集区域，地震可能导致更多的伤亡和财产损失。因此，评估地震风险时我们需要综合考虑地震频率、烈度和人口密度，以便更精准地确定风险程度和采取相应的防护措施。

2. 滑坡和泥石流风险

滑坡和泥石流作为山地地区常见的地质灾害，对地质环境构成严重威胁，其风险的评估涉及多个关键因素，包括地形、降雨情况、土壤类型等。

首先，地形是滑坡和泥石流风险评估的核心因素之一。陡峭的山地地形容易发生滑坡和泥石流，特别是在地形起伏明显、植被较差的区域。地形的坡度和高差直接影响了水土流动的速度和规模，因此在地形复杂的区域，我们需要更加密切地关注滑坡和泥石流的潜在风险。

其次，降雨情况对滑坡和泥石流的形成具有直接的触发作用。持续强降雨或短时间内的强降雨能够导致土壤水分饱和，减弱土壤的抗剪强度，从而增加滑坡和泥石流的发生概率。风险评估需要结合气象数据，分析降雨对地质环境的潜在影响，为防范和减轻灾害提供科学依据。

此外，土壤类型也是滑坡和泥石流风险评估的重要考虑因素。不同类型的土壤在受到降雨等外部刺激时表现出不同的稳定性和流动性。黏土质土壤容易形成泥石流，而砂砾质土壤更容易发生滑坡。因此，在进行风险评估时，我们需要对地区的土壤类型进行详细分析，以确定可能的地质灾害风险。

## （二）人为活动引起的地质环境风险

1. 矿产资源开采风险

矿产资源开采所引发的地质环境风险是一个综合性的问题，主要包括矿井崩塌和尾矿库泄漏等多方面的挑战。这些风险与开采活动直接相关，对地下水位、土壤结构等地质要素产生直接而深远的影响。

首要的是矿井崩塌风险。在矿产资源的开采过程中，矿井崩塌是一种常见的地质灾害，尤其是在深部开采中更为突出。由于岩层的破坏和地下空间的变化，矿井崩塌可能导致地表塌陷，对周边地区的生态环境和土地利用造成不可逆转的破坏。在风险评估中，我们需要考虑矿井结构、岩体稳定性等因素，以科学预测和评估潜在的崩塌风险。

其次，尾矿库泄漏是另一方面的重要风险。尾矿是矿山开采过程中产生的含有金属、化学药品等有毒有害物质的废渣，其储存和处理对环境保护至关重要。如果尾矿库设计不当或管理不善，可能发生泄漏事故，导致有毒物质进入地下水和周边土壤，对生态系统和人类健康构成巨大威胁。在风险评估中，我们需要综合考虑尾矿库的设计、监测、管理等因素，以减少泄漏风险。

另外，矿产资源开采对地下水位、土壤结构等地质要素也有直接的影响。开采活动可能导致地下水位下降，引发地下水资源的枯竭，同时使土壤结构发生改变，影响土壤的稳定性和肥力。这些影响不仅仅局限于矿区范围，还可能扩散到周边地区，对整个地质环境产生长期而深刻的影响。

2. 土地利用变化风险

土地利用变化是地质环境面临的一项重要风险，其主要由城市化和农业扩张等人类活动引起。这种变化可能对地质环境产生深远而不可逆转的影响，包括土壤侵蚀、生态系统破坏等问题，增加了地质环境的脆弱性。

首先，城市化是导致土地利用变化的主要因素之一。随着城市化的推进，大量土地被用于建设和基础设施，从而改变了原有的土地利用格局。城市的不断扩张可能导致原有的农田、森林等自然生态系统被破坏，土地的水文循环和生态平衡遭到干扰。城市化引发的土地利用变化不仅影响了地表地质环境，也可能对地下水系统和地质构造产生潜在影响，增加了地震等地质灾害的风险。

其次，农业扩张也是土地利用变化的一个重要驱动力。为了满足日益增长的粮食需求，农业活动对土地的开垦和改造不可避免。这种变化可能导致原有植被被清理，土地表层的覆盖物被破坏，从而引发土壤侵蚀。土壤侵蚀不仅损害了土壤质量，还可能导致河流和水体的淤积，对水资源和水环境造成负面影响。此外，大规模的农田开垦也可能导致地下水位下降，影响周边地下水系统的稳定性。

3. 污染物排放风险

污染物排放风险是由工业和交通等活动释放的有害化学物质引发的一种地质环境风险，可能对土壤和水体质量产生潜在威胁，对地质环境构成直接的危害。

首先，工业活动是主要的污染物排放来源之一。在工业生产过程中，各种化学物质如重金属、有机物等通过废气、废水等途径排放到环境中。这些排放物质在进入土壤时可能发生迁移和转化，导致土壤污染。重金属的富集和有机物的渗透可能对土壤的物理性质和化学性质产生不利影响，影响土壤的肥力和生态系统功能。

其次，交通活动也是造成污染物排放的重要因素。车辆尾气中的氮氧化物、挥发性有机物等化学物质，通过大气沉降或直接排放到道路周围的土壤中，引发土壤污染。这些污染物可能影响土壤中微生物的活性，改变土壤的理化性质，进而影响植物生长和土壤的生态功能。此外，道路交通排放的污染物还可能通过雨水径流进入水体，引发水体污染。

污染物排放还直接威胁地下水和土壤质量。排放的化学物质在渗透至地下水和土壤深层时可能对地下水的饮用水质量造成影响。这种影响可能是长期的，对人类健康和生态系统都带来潜在危害。

## 二、风险评估模型与方法

风险评估是一项系统性的工作，需要综合考虑各种因素，而不同的风险评估模型和方法提供了多样的途径，以满足对地质环境风险评估的不同需求。

### （一）定量模型

#### 1.蒙特卡洛模拟

蒙特卡洛模拟是一种通过多次的随机试验来模拟地质环境风险不确定性的高效方法。在地质环境领域，特别是对于自然灾害如地震、滑坡等的概率性分析，蒙特卡洛模拟展现了其独特的优势。

蒙特卡洛模拟的核心思想是基于各种参数的概率分布，通过大量的随机抽样实验，模拟系统可能的各种状态和结果。在地质环境风险评估中，这包括了对地震频率、滑坡概率等参数的随机抽样。通过模拟大量可能的情景，我们可以更全面地了解不同参数之间的相互影响，捕捉概率性变化对整体风险的贡献。

在地震风险评估中，蒙特卡洛模拟可以考虑地震发生的位置、强度、震源深度等参数的不确定性。通过在这些参数上进行随机抽样，模拟大量可能的地震事件，我们得到地震概率分布的统计特征。这不仅考虑了单一参数的不确定性，还捕捉了参数之间的复杂关系，提高我们了对地震风险的全面理解。

对于滑坡等自然灾害，蒙特卡洛模拟同样具有显著优势。通过考虑地形、降雨量、土壤类型等参数的概率分布，模拟大量可能的滑坡事件，得到滑坡的发生概率分布。这有助于更准确地评估滑坡风险，并为相关地质环境管理和规划提供科学依据。

#### 2.数值模拟

数值模拟是一种基于数学模型的手段，用于模拟自然灾害在地质环境中的发生过程。通过对地质环境的物理过程进行数值求解，数值模拟为我们提供了对灾害发生概率和影响程度的定量估计，具有重要的风险评估和预测价值。在分析地质灾害的空间分布、发展趋势等方面，数值模拟展现出明显的优势。

首先，数值模拟采用数学模型对地质环境中的复杂物理过程进行描述，能够更全面、准确地模拟自然灾害的发生机制。对于地震、滑坡等自然灾害，数值模拟可以考虑多个关键因素，如地质结构、地表形态、岩土特性等，通过数学方程的求解还原真实的地质过程。这种细致入微的模拟有助于我们深入理解自然灾害的机制。

其次，数值模拟为我们提供了对灾害发生概率和影响程度的定量估计。通过建立合适的模型和采用数值方法，其可以模拟不同条件下的灾害可能性，并通过数值计算还原灾害对地质环境的实际影响。这有助于决策者更科学地评估潜在的地质环境风险，为灾害管理和应对提供有力支持。

另外，数值模拟对地质灾害的空间分布和发展趋势进行深入分析。通过在模型中引入地理信息系统（GIS）数据，数值模拟可以模拟不同地区的潜在灾害风险，有助于受灾地区进行合理的规划和资源配置。这对于预防和减轻地质灾害带来的损失具有重要意义。

## （二）定性分析方法

### 1. 压力－状态－响应框架

压力－状态－响应（Pressure-State-Response，PSR）框架是一种用于分析地质环境风险的系统性方法。该框架将地质环境风险分为三个关键层面，即压力、状态和响应，通过对这三个层面的综合分析，揭示地质环境风险形成的机制，为科学评估和有效管理提供理论支持。

在 PSR 框架中，压力层面关注导致地质环境风险的根本原因。这包括自然因素和人为活动，如地质灾害的频繁发生、大规模的土地利用变化、人类对资源的过度开采等。通过对这些压力因素的深入分析，我们能够识别出可能对地质环境产生负面影响的因素。

状态层面评估地质环境的状况，即受到压力因素影响后地质环境的实际情况。这包括地形地貌的变化、岩土体稳定性的改变、水土流失的程度等。通过对地质环境状态的全面评估，我们可以了解地质环境当前到底处于什么样的状态，从而判断其健康状况和脆弱性。

响应层面关注采取的应对措施，即在面对地质环境风险时采取的预防、减轻或恢复的行动。这包括建立防灾体系、规划合理的土地利用政策、加强监测和预警体系等。通过对响应层面的分析，我们能够评估社会对地质环境风险的适应能力和应对措施的有效性。

### 2. 层次分析法

层次分析法（Analytic Hierarchy Process，AHP）是一种用于多因素、多目标的风险评估的定量分析方法。该方法通过构建层次结构，对不同层次的因素进行比较和排序，以明确各因素对整体风险的贡献程度，为决策者提供科学的权衡和排序依据。

在层次分析法中，首先，问题被分解成若干个层次，从目标层、准则层到方案层。目标层包括整体评估的目标，准则层包括实现目标的准则或因素，而方案层包括可供选择的具体方案。这种层次结构的构建有助于将复杂的问题分解成更易处理的子问题，使分析更加系统和有序。

其次，在构建好层次结构后，我们利用专家判断或相关数据，通过两两比较不同层次的因素，形成判断矩阵。判断矩阵中的元素表示两两因素之间的相对重要性，采用标度进行量化，例如 1~9 的标度，其中 1 表示相对同等，9 表示一个因素相对于另一个因素极其重要。

然后，通过层次分析法的计算过程，确定每个因素的权重，即其对上一层因素的相对重要性。最终，通过综合各层次的权重，得到各个方案在整体目标下的综合得分，从而进行排序和决策。

层次分析法的优势在于它能够综合考虑各因素之间的相对重要性，克服了主观判断和客观数据的不足，提供了一个科学、系统的评估框架。在地质环境风险评估中，AHP 的应用有助于更全面、准确地了解各因素对整体风险的贡献，为决策者提供科学的决策支持。

### 三、地质环境预警体系的构建

地质环境预警体系旨在实时监测和预测可能发生的地质环境风险，以提前采取措施降低潜在危害。

#### （一）先进监测技术的运用

1. 遥感监测

充分运用遥感技术是地质环境预警体系建设的关键。通过卫星、飞机等平台获取的多光谱、高分辨率的遥感影像，我们可以实现对地质地貌、植被状况等因素的监测。这为预警体系提供了大范围、及时的地质信息，有助于及早发现潜在风险。

2. 传感器网络

利用传感器网络实时监测地质环境的变化是建设预警体系的有效手段。在潜在风险区域布设各类传感器，如地震监测仪、雨量传感器等，能够实时采集地质信息。这些实时数据为预警决策提供了科学依据。

3. 数据模型

数据模型的运用通过对监测数据的分析和建模，提高对潜在风险的识别和理解。数学模型、地理信息系统（GIS）等技术有助于整合、分析监测数据，形成对地质环境变化的模拟，从而为预警提供更为精准的信息。

#### （二）监测站点布局与频率确定

1. 监测站点布局

合理的监测站点布局是预警体系的基础。充分了解潜在风险区域的地质特征，确定监测站点的位置。例如，在地震多发区域增加地震监测站，或者在山体滑坡易发区域设置滑坡监测点。这样的布局能够最大程度地覆盖潜在风险源。

2. 监测频率确定

监测频率的确定需结合地质环境的变化特征。对于具有较高变化频率的因素，如降雨等，监测频率可以相对较高，以确保对突发事件的迅速反应。而对于相对稳定的地质因素，监测频率可以适当降低，以提高监测效率。

#### （三）数据传输和处理的流程

1. 高效可靠的数据传输

预警体系的成功运作离不开高效可靠的数据传输。采用高速、稳定的通信网络，确保监测数据能够及时传输到监测中心。同时，采用数据冗余和错误校正技术，提高数据传输的可靠性。

2. 流程优化

建设预警体系需要建立清晰的数据传输和处理流程。监测数据的采集、传输、存储、处理等环节要有机衔接，确保整个过程高效有序。引入自动化处理和智能算法，提高监测数据的实时性和准确性。

# 第四章　地质灾害防治与可持续发展

## 第一节　地质灾害类型与形成机制分析

地质灾害是指由地球内部、地表和大气等因素引起的一系列自然灾害，包括地震、火山爆发、滑坡、泥石流、地面塌陷、地裂缝等。这些地质灾害的类型和形成机制因地理环境、地质结构和气候等因素而异。

### 一、地震

#### （一）地震的基本概念与背景

地震是地球内部构造活动引起的自然灾害，其发生源于地球上的板块构造和板块运动。地球的外部被分为若干块板块，它们在地球表面上漂移和相互作用，这种相互作用导致了地震的发生。

#### （二）地震的形成机制

地震的形成机制主要涉及地壳板块之间的相互作用，其中最重要的是构造板块的相对运动，当板块之间的相对运动积累到一定程度时，会导致地壳的断裂，释放储存的能量，产生地震。这一过程可分为应力积累、断裂和能量释放三个阶段。

1.应力积累

地壳板块相互作用是导致地球内部应力积累的重要动力学过程之一。在这一过程中，地球的外部被划分为若干块板块，它们在地球表面漂移并相互作用。由于这些板块的相对运动，板块之间的接触区域往往形成断裂带，成为地震的多发地区。

应力积累是地震发生前的一个关键阶段，它是地球内部能量积累和释放的过程。在断裂带内，岩石受到的应力逐渐增加，这是由于板块相互挤压、拉伸等力的作用。这些应力的积累不是瞬时完成的，而是在长时间的地质演化过程中逐渐积累起来的。

岩石受到的应力的增加并非呈现线性的过程，而是受到多种复杂因素的影响。首先，地质条件如岩石的性质、断裂带的结构等会影响岩石对应力的响应。其次，板块运动的速率和方向也会影响应力的积累速度，不同的板块边界条件会导致不同的地应力分布。此外，断裂带内的地下流体活动、地壳物质变形等过程也与应力积累密切相关。

当岩石受到的应力达到其破裂极限时，就会发生断裂，释放出在地球内部积累的能量。这一过程是地震发生的直接原因。应力积累和释放的复杂性使得地震的发生难以准确被预测，但这对于了解地球内部动力学过程、改进地震预警系统及减缓地震带来的灾害有着深远的学术和社会意义。

2. 断裂

断裂是地震发生的关键步骤，是地球内部构造活动中能量释放的主要形式之一。一旦岩石所承受的应力达到其破裂极限并被克服，岩石就会发生断裂。这一过程在地质演化中具有重要的地位，直接影响着地震的发生和地壳的形态变化。

岩石的破裂极限是指在受到外部应力的作用下，岩石内部发生的破坏和位移达到一定程度，使得岩石失去原有的稳定结构。这一阈值通常由岩石的物理和力学性质决定，包括岩石的强度、断裂韧性等。岩石的断裂可以表现为裂纹的扩展、断层的形成，甚至是整个岩石体的破碎。

断裂过程是地震能量释放的始动机制。当岩石发生断裂时，存储在其内部的弹性势能被迅速释放，形成地震波。这些地震波传播到地球表面并向周围传递，引起地面的振动。地震波的传播速度和路径是受岩石性质和地下结构影响的复杂过程，而断裂的发生则直接决定了地震的规模和强度。

断裂并不仅仅是地震的触发机制，它还在地质演化中发挥着重要的作用。地球的地壳被划分为多个板块，这些板块之间的相互作用导致断裂带的形成。大尺度的断裂带构成了构造板块的边界，其活动性影响着地球表面的地貌、地壳变形和地质构造演化。

3. 能量释放

能量释放是地震动力学过程中的关键环节，是地球内部积累的能量在地震事件中释放的最终结果。一旦岩石的破裂极限被克服，存储在岩石内部的应力能量得以迅速释放。这一过程不仅引起地震波的产生，还对地球表面和地下结构产生广泛而深远的影响。

能量释放的主要表现形式是地震波的传播。地震波是一种由地球内部能量释放引起的机械波，其传播速度和路径与地球的物理性质、地质结构和岩石的弹性特性密切相关，主要包括纵波（P波）和横波（S波），这些波通过地球内部传递，并在地球表面和地下产生地震动。

地震波的传播对周围地区产生广泛的影响。首先，地震波在地表上引起的振动是导致建筑物、桥梁和其他基础设施损坏的主要原因。这种振动的强度和频率会影响到建筑物的结构稳定性，造成地震灾害。其次，地震波的传播路径可能导致地面的断裂、滑坡等地质灾害，对地表形态和地貌产生显著影响。此外，地震波还可以引起地下水位的变化、火山活动的激发等地球科学现象。

为了深入理解能量释放的机制，地震学家采用了多种手段进行观测和实验。地震仪网络的建立和卫星遥感技术的应用使得研究者能够全面监测和记录地震事件的时空分布。此外，数值模拟和实验室实验也为模拟地震波的产生和传播提供了重要的工具。通过对地震波的频谱分析、波形分析等手段，研究者可以获取关于地震源和地球内部结构的信息，从而推断能量释放的具体机制。

能量释放不仅是地震研究的核心问题，还涉及地球内部动力学、地壳演化等广泛领域。了解能量释放的过程有助于制定更有效的地震预警系统，提高社会对地震风险的认知和适应能力。同时，对地震波传播规律的深入研究有助于提高地球物理勘探和资源勘探的精度，为地球科学研究提供更为深刻的认识。通过多学科的综合研究，我们能够更好地理解能量释放的复杂性，推动地震科学和地球科学的不断发展。

## 二、火山爆发

### （一）火山爆发的基本概念与背景

火山爆发是地球表面岩浆喷发的自然现象，是地球内部岩石圈活动的一部分。火山爆发带来的破坏力不仅表现在火山口周围，还可能对空气质量和气候产生长期影响。

### （二）火山爆发的形成机制

火山爆发的形成机制主要涉及岩浆的上升和喷发过程。岩浆在地下上升的过程中，与地下岩石反应形成高压气体，当这些气体受到压力积累到一定程度时，火山就会爆发。

1.岩浆上升

岩浆的上升是地球内部岩石圈活动中的一个重要过程，其特征是由深部地幔中的部分熔融岩石组成的高温、高压物质上升至地表。岩浆上升过程受到多种因素的影响，包括地壳热力和物理条件等复杂因素。

首先，岩浆的生成通常起源于地幔深部的部分熔融。地幔中的高温和高压条件使得部分岩石发生熔融，形成岩浆。这一过程可能受到地幔的热对流、板块下沉等动力学因素的影响，导致地幔中的熔融岩石上升。

岩浆的上升过程还受到地壳热力条件的控制。地球的地壳分为陆地地壳和海洋地壳，它们在地壳热力条件上存在显著差异。一般来说，海洋地壳更薄且密度较高，因此更容易受到热力的影响，岩浆在海底火山口喷发的机会较大。相反，陆地地壳较厚，其上升岩浆可能形成岩浆岩体，如岩浆穿。

此外，地球内部的物理条件也对岩浆上升产生重要影响。岩浆上升过程中，地幔中的岩浆要克服地球内部的阻力，如黏性阻力、摩擦阻力等。这些物理条件会影响岩浆的流动性，同时也决定了岩浆上升的速度和路径。

岩浆上升的结果是形成火山喷发或岩浆岩体。火山喷发是岩浆在地表迅速释放的过程，形成喷发物如岩浆、火山灰、烟气等，对周围环境和生态系统产生直接影响。岩浆岩体则是岩浆在地下冷却凝固形成的固体岩石体，其特征在于不经过喷发，而是在地下长时间冷却。

2.气体压力积累

岩浆中溶解的气体在岩浆上升过程中发挥着重要的作用，其逐渐释放和在火山口区域的积聚是火山活动中的重要环节。这一过程导致了火山口区域内的气体压力积累，对火山活动的演化和喷发过程产生深远影响。

岩浆中溶解的气体主要包括水蒸气、二氧化碳、硫化氢等。这些气体在地幔深处的高温高压环境下溶解于岩浆中。随着岩浆上升至地表，温度和压力的变化导致这些气体逐渐从岩浆中释放出来。气体的释放过程并非一蹴而就，而是在岩浆上升过程中逐渐发生的。

当岩浆上升到地表时，由于减压效应，气体从岩浆中分离并形成气泡。这一过程被称为气体出气。气泡的形成使得岩浆中的气体逐渐集聚，形成气体相。这种气体相的存在会显著影响岩浆的流动性和黏度，进而影响火山活动的特征和喷发的规模。

在火山口区域，气体的释放不仅限于火山口附近的岩浆体，还包括在地下岩体中积聚的气体。这些气体的释放导致了火山口区域内的气体压力增大。气体压力的增大是火山活动中的一个关键因素，直接影响到岩浆的排出和火山口附近地区的地表形变。

火山口区域内气体压力的积累与火山喷发的爆发性质有关。当气体压力积累到一定程度时，火山喷发可能发生，释放大量的气体、岩浆和火山碎屑。这种喷发过程不仅造成火山口区域的物质抛射，还可能引发火山喷发云的形成，对周围环境产生严重影响。

3. 火山爆发

火山爆发是一种极具威力的地球表面现象，其发生涉及火山口区域内的巨大压力积累和释放。当火山口区域内的压力超过岩石的抵抗力时，火山就会爆发，引发火山喷发现象。

火山爆发的机制与岩浆的上升、气体的释放密切相关。在火山活动的过程中，岩浆从地幔上升至地表，而岩浆中溶解的气体则逐渐释放。这导致火山口区域内的岩石受到巨大的压力，而火山的爆发正是这种压力的释放。

火山爆发的过程可以分为几个关键步骤。首先，火山口区域内的岩石经过长时间的积累，形成一定的岩石体积。同时，岩浆不断上升，积聚在火山口区域。当这些岩石体积和岩浆达到一定规模时，压力开始在岩石体内积累。

随着岩浆上升，火山口区域内的气体压力也逐渐增大。这些气体的释放会导致火山口区域内的压力超过岩石的抵抗力。当压力超过岩石的强度极限时，岩石就会发生破裂，导致岩浆、熔岩和其他火山碎屑被猛烈喷射到大气中。

火山喷发现象是火山爆发的显著标志。在喷发过程中，火山口区域内的物质以高速喷射到大气中，形成火山灰柱、岩浆流和火山碎屑等。火山喷发的规模和强度取决于多个因素，包括岩浆的黏度、气体的含量、岩石的抵抗力等。

火山爆发不仅对火山口区域造成严重影响，还可能对周围环境和生态系统产生广泛而长期的影响。火山喷发释放的气体和颗粒物可在大气中传播，影响气候和空气质量。此外，火山爆发还可能引发火山地震、地表变形等地质现象，对地球表面结构和地貌造成持久性影响。

## 三、滑坡

### （一）滑坡的基本概念与背景

滑坡是指山坡上的岩土材料由于外部力的作用而失去平衡，发生沿着滑坡面向下滑动的现象。滑坡造成的破坏范围广泛，对周围环境和人类生活形成严重威胁。

### （二）滑坡的形成机制

滑坡是一种常见的地质灾害，其形成机制涉及多个因素，包括自然因素和人为活动。深入理解滑坡的形成机制对于灾害预防和风险管理具有重要意义。

1.降雨引起的土壤饱和

（1）降雨特征

降雨是滑坡发生的主要诱因之一。大雨引起土壤水分增加，山坡上的土壤逐渐饱和。不同降雨强度和持续时间对滑坡的影响不同，长时间、高强度的降雨更容易导致土壤饱和。

（2）土壤饱和过程

当土壤中的水分达到饱和状态时，水分填满了孔隙空间，降低了土壤的抗剪强度。这使得土壤失去稳定性，容易发生滑动。特别是在山坡上，由于重力作用，土壤受到的剪切力较大，因此一旦土壤饱和，就可能引发滑坡。

（3）饱和前兆

降雨引发滑坡前，通常存在一些前兆迹象，如土壤的渗漏、山坡表面的龟裂等。这些前兆迹象是滑坡发生前的预警信号，通过监测这些信号我们可以提前预防滑坡的发生。

2.地质构造变化

（1）断层活动

地质构造的变化是滑坡发生的另一个重要原因。断层活动可能导致山坡上的地层产生破裂，使得岩土材料失去稳定性。断层活动通常与地震相关，强烈地震可能诱发滑坡。

（2）地震作用

地震的震动作用可能导致岩土体产生液化现象，使土壤失去了抗剪强度，从而引发滑坡。地震对山坡稳定性的影响是复杂而重要的研究领域，地震引发的滑坡属于地震地质灾害的一种。

3.人为活动

（1）过度开发

过度的土地开发活动可能改变山坡的地貌和植被覆盖，削弱了土壤的稳定性。例如，过度地挖土、砍伐植被等行为可能导致土壤的失稳，增加滑坡的风险。

（2）挖掘活动

大规模的挖掘工程，如采矿、基础工程施工等，会改变山坡的地质结构，影响土壤的抗剪强度，导致滑坡的发生。合理规划和管理人类活动是预防滑坡的重要措施。

（3）排水和填充

不当的排水和填充活动也可能导致滑坡。排水会降低土壤的稳定性，而填充活动可能改变山坡的坡度和坡面结构，影响土壤的稳定性。

## 四、泥石流

### （一）泥石流的基本概念与背景

泥石流是陡峭斜坡上的大量雨水或融雪导致的泥土、石块等混合物快速流动的现象。泥石流的流动速度快、破坏力大，对下游地区造成严重危害。

### （二）泥石流的形成机制

泥石流是一种具有高度破坏性的地质灾害，其形成机制受到地形、气候、降水等多种因素的综合影响。深入了解泥石流的形成机制对于灾害预防和应对具有重要的科学价值。

1.地形因素

（1）陡峭斜坡

泥石流通常发生在陡峭的山坡上。陡峭的地形使得雨水迅速流下，增加了土壤受到冲刷的可能性。山坡的陡峭度直接影响了泥石流的发生概率，因为在这样的地形上，雨水容易迅速汇聚，形成泥石流的基础。

（2）地形复杂性

复杂的地形特征，如沟壑纵横、地势高差大等，也是泥石流易发的条件。这种地形复杂性会导致水流集中，增加泥石流发生的可能性。

2.气候和降水

（1）气候影响

泥石流的发生与气候有关，特别是在潮湿的气候条件下泥石流更容易发生。潮湿的气候促使土壤更容易被雨水冲刷，增加了泥石流的形成机会。

（2）强降雨

强降雨是引发泥石流的主要气象因素。大量的降雨会使山坡上的土壤迅速饱和，导致土壤流动性增强，进而引发泥石流。

（3）降雨特征

降雨的强度、频率和持续时间也是影响泥石流的关键因素。短时间内大量的降雨可能引起急剧的土壤侵蚀，增加泥石流的危险性。

3.土壤液化

（1）液化现象

陡峭山坡上的雨水渗透到土层中，可能引起土壤液化。液化是指土壤在受到外力作用时由固体状态变为液体状态的现象。液化使得土壤失去支撑力，这成为泥石流发生的基础。

（2）密度和含水率

泥石流的形成还与土壤的密度和含水率密切相关。高含水率的土壤更容易发生液化，而较低密度的土壤可能形成较为流动的泥石流。

4.泥石流的流动特性

（1）高流速和大流量

泥石流具有高流速和大流量的特点，这使得其在短时间内能够迅速冲击山坡。高流速和大流量是泥石流对地形和人类建筑物造成巨大破坏的主要原因。

（2）固体颗粒的携带

泥石流中携带的大量固体颗粒，包括泥沙、石块等，也是其破坏力强大的原因。这些固体颗粒提高了泥石流的质量和冲击力，对沿途的一切障碍物都构成威胁。

## 五、地面塌陷

### （一）地面塌陷的基本概念与背景

地面塌陷是由于地下溶洞、采矿、地下水抽取等因素引起地下岩层塌陷，导致地表出现塌陷洞或坑的地质灾害。

### （二）地面塌陷的形成机制

地面塌陷是一种严重的地质灾害，其形成机制涉及地下岩层的结构破坏和地下空间的变化。深入了解地面塌陷的形成机制对于灾害预防和应对具有重要的科学价值。以下我们对地面塌陷形成机制的各个方面进行详细探讨：

1.地下溶洞的形成

（1）溶洞形成过程

地下溶洞是地面塌陷的主要原因之一。在含有溶解性岩石的地区，地下水通过溶解岩层中的溶解性矿物，形成洞穴。这一过程可能涉及对碳酸钙、石膏等岩石成分的化学作用。随着时间的推移，洞穴逐渐扩大并向地表延伸。

（2）洞穴扩展与塌陷的关系

当地下洞穴扩展到一定规模时，地表上方的岩层可能失去足够的支撑，导致地面塌陷。这种塌陷通常呈现为坑洞或坑陷，对地表和周围环境造成严重影响。

（3）地质构造对溶洞形成的影响

地质构造，如断裂和岩层倾斜，可能加速溶洞的形成。溶洞形成的速率和规模受地质构造的影响，进而影响地面塌陷的发生。

2.开采引起的地下结构破坏

（1）采矿过程中的岩层塌方

采矿活动可能通过挖掘和爆破等方式破坏地下岩层的结构稳定性。当矿物资源被提取后，地下空间可能发生塌陷，从而导致地表出现坑洞和塌陷。

（2）煤层气释放导致地面塌陷

在煤矿区域，开采煤矿同时会释放煤层中的煤层气。煤层气释放会导致岩层的结构紊乱，使地下空间失去稳定性，最终引发地面的塌陷。

3. 地下水抽取引起的沉降

（1）地下水抽取过程

地下水抽取是导致地面塌陷的又一重要原因。在城市和农业用水需求增大的情况下，大量地下水被抽取用于供水和灌溉。这种抽取过程导致地下岩层失去水的支撑，使得地表发生下沉。

（2）逐渐沉降和突然坍塌

地下水抽取引起的地面沉降通常是逐渐发生的，但在某些情况下，也可能发生突然的坍塌。这种突然坍塌通常与地下空间的结构变化和水平收缩有关。

（3）地表沉降对基础设施的影响

地面沉降会对基础设施，如建筑物、道路和管道等，造成损害。沉降导致地表不平整，增加了基础设施的维护和修复成本。

## 六、地裂缝

### （一）地裂缝的基本概念与背景

地裂缝是由于地壳运动引起的地表裂缝，通常表现为地面的断裂和裂缝。

### （二）地裂缝的形成机制

地裂缝的形成主要受到地壳运动和构造板块相互作用的影响。深入了解地裂缝的形成机制对于理解地球的地质活动和灾害预防有着重要的科学价值。

1. 构造板块运动

（1）水平运动和地表拉伸

构造板块的水平运动，特别是两个板块相对运动的边界，可能发生地表拉伸。在拉伸的地区，地壳受到水平拉伸的作用，可能形成裂缝。这种拉伸通常与地球上的大型断裂带有关，例如东非大裂谷。

（2）垂直运动和地表压缩

构造板块的垂直运动也会引起地表的压缩，可能导致地裂缝的形成。这种垂直运动通常与山脉的抬升或地壳下沉有关，例如喜马拉雅山脉地区。

（3） 断层活动与地震

构造板块的相对运动还可能引起断层的活动，产生地震。地震的能量释放会导致地表的裂缝形成。这些地震引起的裂缝通常是短暂的，但在一些情况下，它们可能演变成长期存在的地裂缝。

2. 地壳伸缩引起的裂缝

（1）地壳伸缩过程

地壳伸缩是另一种导致地裂缝形成的原因。当地下岩石受到挤压时，地表可能发生拉伸，形成裂缝。这种情况通常发生在构造应力累积并最终释放的地区，例如山脉前缘。

（2）地表变形与裂缝形成的关系

地壳伸缩导致的裂缝形成通常与地表的变形有关。地表的抬升和下沉可能导致地裂缝的出现。这种变形通常与地球上的褶皱带、断块盆地等地质构造特征相关。

（3）地裂缝的时空演化

地裂缝的形成不是一时的过程，而是经历了漫长的时空演化。通过对地裂缝的时空演化进行研究，我们可以更好地理解地球内部的动力学过程。

# 第二节 地质灾害监测预警与防治技术

## 一、地质灾害预警系统的建设与优化

### （一）预警系统建设

1.智能监测系统

地质灾害预警系统的建设以智能监测系统为核心，多传感器数据融合是该系统的关键技术。这一系统通过整合各种传感器，实现对地质灾害多维度的实时监测，包括但不限于地表位移、地下水位、地震活动等关键参数的采集。

首先，多传感器数据融合使得地质灾害预警系统能够全面、多角度地监测潜在灾害。通过不同传感器获取的数据，系统能够更准确地捕捉地下和地表的变化情况，提高对地质灾害发生预测的敏感性和准确性。例如，地表位移监测利用卫星遥感技术，可以实时观测地表的形变情况，识别滑坡和地裂缝等迹象。地下水位监测通过井下水位传感器，能够实时记录地下水位的变化，为地下空间稳定性的评估提供数据支持。

其次，多源数据的综合分析是智能监测系统的核心优势。通过对各类传感器数据进行综合分析，系统能够形成全面的地质灾害监测图像，不仅可以发现潜在的灾害迹象，还可以对灾害的发展态势进行动态分析。例如，当地表位移监测和地下水位监测数据同时发现异常时，系统可以及时发出预警，提醒相关部门采取必要的防范措施。

2.实时数据传输与处理技术

实时数据传输与处理技术在地质灾害预警系统建设中具有关键性的作用。随着高速互联网和通信技术的飞速发展，监测结果能够以更加迅速的方式传递给决策者，从而实现对潜在灾害的即时响应，缩短了信息传递的时间延迟。

首先，高速互联网的广泛应用使得实时数据能够以更迅捷的速度传输。监测系统通过传感器获取的大量数据可以通过网络实时传递到监测中心，决策者可以随时随地获取最新的监测信息。这为灾害发生前的快速决策提供了有力支持，有助于及时采取有效的防范和救援措施。

其次，实时数据处理技术的提高进一步增强了系统对异常事件的敏感性。大数据分析、人工智能和机器学习等先进技术的引入，使得监测系统能够在海量数据中迅速识别异常模式，精准地定位潜在的灾害风险。这种实时的数据处理能力有助于减少误报率，提高预警系统的准确性和可靠性。

### （二）预警系统优化

#### 1.监测点布局的改进

预警系统的效力与监测点的布局密切相关，因此对监测点布局进行科学合理的改进是预防地质灾害的重要步骤。合理的监测点布局能够更准确地捕捉地质灾害的迹象，提高预警系统的实时性和准确性。在进行监测点布局改进时，我们需要综合考虑地质特征、历史灾害记录等多方面因素，以确保监测网络的全面性和有效性。

首先，考虑地质特征是监测点布局改进的重要依据。不同地区的地质特征各异，包括地形、地貌、地层构造等因素，这些差异直接影响着地质灾害的发生和演变。因此，在监测点的布局中，我们需要根据具体地区的地质情况，选择合适的监测点位置，以便更全面地监测可能的地质灾害迹象。

其次，借鉴历史灾害记录是监测点布局改进的重要参考。过去的地质灾害事件可以提供宝贵的经验教训，对灾害易发区域和灾害类型有一定的指导意义。通过分析历史灾害记录，我们可以确定监测点的相对优势位置，以提高对潜在灾害的监测效果。

此外，监测点布局的改进还需要考虑灾害的季节性和周期性。某些地质灾害可能受到季节性气候变化或周期性地质活动的影响，因此在监测点的选择上需要更加关注这些时间特征，以便更加精准地预测灾害的发生时机。

#### 2.监测设备稳定性的增强

预警系统的稳定性和可靠性直接关系到其在地质灾害预防中的实际效果。为了提高监测设备的稳定性，我们需要采取一系列措施，包括定期维护和更新监测设备，以及选择具有耐久性和抗干扰素力的设备。

首先，定期维护和更新监测设备是确保系统稳定性的基本手段。随着时间的推移，监测设备可能会受到自然环境、使用磨损等因素的影响而逐渐失效。因此，定期进行设备检修、更换老化部件、升级软硬件系统是保持设备正常运行的必要步骤。维护工作应当包括对传感器、数据采集设备、通信系统等各个组成部分的全面检查，确保其在关键时刻能够正常工作。

其次，选择耐久性强、抗干扰素力高的监测设备是增强系统稳定性的重要途径。在设备的选择过程中，我们应优先考虑那些能够适应恶劣自然环境和具备高度抗干扰性能的设备。这样的设备不仅能够在极端气候条件下正常工作，还能够减少外部干扰对系统数据准确性的影响，提高系统的抗灾性。

此外，建立完善的监测设备管理体系也是确保系统稳定性的关键因素。这包括建立设备档案、定期制订检修计划、培训维护人员等措施，以保障监测设备长时间、长周期的稳定运行。设备管理体系的完善有助于提前发现潜在问题，及时采取措施，确保设备运行的可靠性。

3. 大数据和人工智能的应用

预警系统的优化中，大数据和人工智能的应用起到了关键作用。这两者的结合为系统提供了更为强大的数据处理和分析能力，从而提高了系统的实用性和智能性。

首先，大数据技术在预警系统中的应用主要体现在对海量数据的高效处理上。预警系统需要同时监测多个参数，如地表位移、地下水位、地震活动等，产生的数据量庞大。传统的数据处理方式可能难以应对如此大规模、多维度的数据。而大数据技术能够通过分布式存储和并行计算等手段，高效处理和存储这些庞大的数据集。这使得系统可以更全面地监测潜在的地质灾害，并及时作出预警响应。

其次，人工智能技术的应用主要体现在对数据的智能分析和决策支持上。通过机器学习算法，系统可以从历史数据中学习地质灾害的模式和规律，不断优化预测模型。这使得系统能够更准确地判别异常事件，并在预警时提供更为可靠的信息。人工智能技术还可以实现对监测设备的自动校准和故障检测，提高系统运行的稳定性和可靠性。

大数据和人工智能的结合不仅提高了预警系统对灾害事件的感知能力，还使系统能够更加智能地适应不同地质环境的特点。通过实时分析和学习，系统能够不断提升自身的性能，更好地为决策者提供科学依据，为地质灾害的防范和预防提供更加可靠的支持。这种技术的创新和应用为预警系统的进一步发展打开了新的可能性，有望在未来更好地保障社会公共安全。

## 二、地质灾害防治技术的创新与应用

### （一）防治技术创新

1. 工程防治创新

工程防治在地质灾害防范中扮演着至关重要的角色，其创新涵盖了结构设计和建材选择等多个方面。首先，隧道、堤坝、防护墙等基础设施的设计采用了先进的材料，其中高强度混凝土的应用成为突出特点。高强度混凝土以其卓越的抗压性能和耐久性，在工程建设中得到广泛应用。同时，耐震设计标准的引入也使得这些基础设施在地震等灾害发生时能够更好地保持结构的稳定性，减轻损害程度。

其次，新型支护结构的创新为工程防治带来了新的技术手段。柔性防护墙和地下挡墙等新型支护结构相比传统结构具有更好的适应性。柔性防护墙通过采用可伸缩、变形的材料，能够更好地应对地表位移，保护工程结构不受外部变形的影响。地下挡墙则通过深入地下，形成坚实的屏障，防止滑坡等地质灾害对地下结构的威胁。

这些工程防治创新的实施在提高基础设施抗灾能力的同时，也为工程建设的可持续性发展提供了支持。通过结构设计和建材的不断创新，工程防治在面对地质灾害时能够更加灵活、高效地应对，为人们的生命财产安全提供了坚实的保障。

2.非工程手段创新

在地质灾害的非工程手段防治方面，植被恢复和水土保持等创新措施正逐渐成为关键领域。首先，植被恢复方面的创新包括引入抗旱、抗风、抗病虫害的植物，以提高植被的生态适应性。这种植物选择的创新不仅考虑了植物的生命力，更着眼于其在特定地质环境下的抗灾能力。通过引入这些具有适应性的植物，我们可以有效改善植被的稳定性，减缓土壤被侵蚀的速度。

其次，水土保持方面的创新主要表现在新型的生态护坡和防护网的应用。生态护坡采用生态工程的原理，通过植被覆盖和土壤保水功能，降低坡地的土壤侵蚀率。这种创新手段强调了对生态系统的保护，同时也充分发挥了植被在土壤固定中的作用。防护网则是一种物理性的防治手段，通过设置覆盖坡面的网状结构，减缓水流对土壤的冲刷，防止泥石流的发生。这一创新将工程手段与生态原理相结合，使防治效果更为显著。

## （二）防治技术应用

1.地区差异化应用

防治技术的差异化应用是地质灾害防范的重要战略，特别是在不同地区的地质特征和环境条件存在显著差异的情况下。在山区地区，植被的恢复和加固被证明是防治滑坡和泥石流等地质灾害的高效手段。

首先，合理的植被配置和生态修复方案，可以有效减缓雨水的冲刷作用，提高土壤的抗侵蚀能力。在山地地区，地形陡峭，土壤容易受到雨水冲刷，因此植被的存在对于保护土壤层和减缓雨水流失至关重要。差异化应用要考虑到当地植被的特点，选择适应性强、根系发达的植物，以提高植被对土壤的固定和稳定作用。

其次，引入防护林带是在山区防治地质灾害中常见的措施。通过植被的自然屏障作用，防护林带不仅能够减缓雨水的流动速度，还能有效拦截泥石流等固体颗粒物，降低其对下游地区的危害。防护林带的设计和实施需要结合具体地区的地质特点，选择适宜的树种和植被类型，以确保其最大限度地发挥防护作用。

这种差异化应用不仅在理论上有着坚实的基础，也在实际防治工程中得到了验证。根据地区的差异性，灵活调整防治策略，将更有针对性的技术应用于实际，为地质灾害的有效防范提供了可行的途径。

2.地下空间开发技术

地下空间开发技术在城市规划和建设中发挥着重要作用，其中支护技术和地下水位控制技术的创新为地下空间可持续开发提供了有效手段。

支护技术是地下空间开发的核心，尤其在处理地下溶洞引起的地面塌陷方面，采用先进的填充和加固技术是一项重要创新。对地下溶洞进行填充修复，利用高强度的填充材料填补溶洞，可以有效减轻地面塌陷的影响。同时，加固技术通过使用各类加固结构，如梁柱支撑、地下桩等，加强地下岩层的稳定性，保障地下空间的安全可靠开发。这些技术的不断创新与完善为城市地下空间的利用提供了坚实基础。

另外，地下水位控制技术是确保地下空间稳定性的关键。建立合理的排水系统，维持地下水位平衡，可以有效减少地下水对岩层稳定性的影响。这项技术创新包括了监测与调控地下水位的先进手段，如智能化的水位监测系统和自动化的水位调控系统。通过实时监测和科学调控，我们可以更好地防范地下水引发的地面塌陷风险，确保地下空间的长期稳定和可持续利用。

# 第三节　地质灾害治理与重建模式探讨

## 一、地质灾害治理的基本原则

### （一）地质灾害治理的综合性原则

#### 1.灾前预防

在地质灾害治理中，灾前预防阶段被视为至关重要的环节。此阶段的核心目标在于全面识别并科学治理潜在的灾害隐患，采用一系列先进的技术手段来实现。地质勘测和遥感技术是两种主要工具，对它们的综合应用，我们可以深入了解地质环境，尤其是为潜在的滑坡、泥石流和地裂缝等地质灾害隐患的详尽调查提供了强有力的支持。

首先，地质勘测作为灾前预防的重要手段之一，通过实地调查和采样分析，深入挖掘地下岩土体的特性，了解地质构造、地层变化等情况。这为灾害隐患的早期识别提供了基础数据。地质勘测还能揭示地下水位、岩层稳定性等关键信息，有助于制定科学的治理方案。

其次，遥感技术在灾前预防中发挥着重要作用。通过卫星遥感和航空遥感获取的高分辨率影像，我们可以对地表进行全面、高效的监测。这包括了地貌特征、植被分布、土地利用等多方面信息的获取，为灾害隐患的快速识别提供了全面的依据。特别是在复杂地形区域，遥感技术更是能够迅速捕捉地表的微妙变化，为隐患的精确定位提供了重要支持。

建立灾害风险评估体系是灾前预防的另一重要任务。整合地质勘测和遥感技术获取的数据，结合气象、水文等多源信息，建立综合性的评估模型。这种风险评估体系能够全面、科学地评估潜在的地质灾害风险，识别出潜在灾害的类型、发生概率及可能引发的影响，为制定有针对性的治理措施提供决策支持。

治理措施的设计应该是多方面的，其中地质工程手段和植被恢复是主要的手段。地质工程手段包括了加固、护坡、排水等工程技术，以增强地表和地下结构的稳定性，减少潜在灾害的发生概率。植被恢复则通过植被的引入和保护，减缓水土流失，提高地表的抗灾能力，为整体的生态稳定性提供支持。

在整个灾前预防过程中，科技手段的应用不仅提高了对潜在灾害隐患识别的准确性，还大幅提升了治理方案的科学性和针对性。通过充分利用地质勘测、遥感技术等现代科技手段，以及建立全面的风险评估体系，地质灾害的灾前预防能够更加科学、系统地实施，这为后续的治理工作提供了坚实的基础。

2.灾中应对

在地质灾害发生的紧急情况下，灾中应对是一项关键而迫切的任务，要求采取及时、科学、有力的行动来最大限度地减轻灾害的影响。其中，建立健全的监测预警系统是保障有效应对的基础。

监测预警系统的建立涉及多个方面的技术手段，其中包括地震监测和雨量监测等。地震监测系统通过实时追踪地壳运动，提前探测地震可能引发的地质灾害，为应对措施的制定提供时间窗口。同时，雨量监测系统通过对降雨情况的监测，尤其是在陡峭山坡和易滑坡区域，能够提前预警可能引发的泥石流等灾害，为灾中应对提供预警信息。

在应对阶段，迅速启动紧急应对计划是确保人民生命安全和财产安全的重要步骤。紧急应对计划需要在平时得到充分制定和培训，以确保在紧急情况下，各级政府、救援组织和居民都能够迅速而有效地行动。紧急避难和疏散措施是其中的关键环节，通过科学合理的疏散计划，将受威胁区域的人员有序地撤离，减少人员伤亡和财产损失。

此外，紧急应对还包括了灾后救援和恢复工作。在地质灾害发生后，救援人员需要迅速进入现场，展开搜救工作，为受灾群众提供紧急救助。同时，我们也需要进行损失评估，制订后续的恢复计划。这个阶段的成功实施需要有组织、有序的应对措施，协调各方资源，最大限度地减少地质灾害带来的社会、经济损失。

3.灾后恢复

灾后恢复阶段是地质灾害治理的关键环节，其主要任务是全面评估受灾区域的情况，并实施相应的修复和重建工作。这一阶段旨在迅速而有效地修复受损基础设施、居民住房等，并通过科学合理的规划，促使受灾社区尽快回归正常生活，减轻灾后的长期影响。

首先，对受灾地区进行全面评估是灾后恢复的前提。评估需要涵盖多个方面，包括地质灾害造成的土地变化、基础设施状况、居民损失情况等。这需要综合利用地质调查、遥感技术、社会调查等手段，以全面了解受灾区域的现状。这一评估过程不仅有助于量化灾害造成的损失，还能够为后续的修复和重建工作提供科学依据。

其次，修复受损的基础设施是灾后恢复的关键任务之一。基础设施的修复涉及道路、桥梁、水电站等多个方面。通过采用先进的建筑技术和材料，以及科学的工程设计，我们可以加快基础设施的修复速度，并提高其抗灾能力，从而为未来减灾奠定基础。

居民住房的重建也是灾后恢复工作的核心内容之一。受灾居民的安置问题直接关系到他们的生活质量和社会安全。通过规划科学合理的住房布局，采用抗震、防灾的建筑设计，我们可以最大限度地减少居民在灾害发生时的损失，提高居民的生活品质。

另外，科学合理的社区规划对于受灾区域的整体恢复至关重要。通过绿色建筑、生态环境修复等手段，我们可以提高社区的环境质量，加强社区的抗灾能力。合理规划社区公共服务设施，如医疗机构、学校等，有助于提高社区的整体抗灾和应对能力。

## （二）地质灾害治理的可持续性原则

### 1.环保治理措施

可持续性原则在地质灾害治理中的应用，尤其强调了采用环保的治理措施，以最大程度地减少对生态系统的破坏，防止治理过程中的二次污染。这一理念对地质灾害治理的实践提出了具体而重要的要求。

首先，可持续性原则强调避免使用对环境有害的化学药剂。在滑坡、泥石流等地质灾害的治理过程中，我们通常需要采取一系列措施来稳定土体、减缓水土流失等。然而，传统的化学药剂可能对土壤和水体产生负面影响，影响生态平衡。因此，可持续性原则鼓励采用更环保的替代品或生物工程技术，以减少对土壤和水体的污染，最大限度地保护生态环境。

其次，选择生态友好的植被恢复方法也是可持续性原则的一项重要要求。地质灾害治理往往伴随着对植被的破坏，而植被的保持和恢复对于防止水土流失、维护生态平衡具有至关重要的作用。可持续性原则倡导采用天然植被或引入当地适应性强的植物物种，通过植被的生态工程手段来加强地表的稳定性，提高土壤的保水能力，从而减缓水土流失的发生。

此外，环境治理还需关注治理过程中的二次污染问题。在灾害治理过程中使用的工程材料、设备等可能引发新的环境问题，例如空气和水体的污染。因此，我们在制订治理方案时，需要考虑到二次污染的潜在风险，并采取相应的防控措施。选择环保材料，采用低碳、低污染的技术手段，有助于最小化治理过程对环境的负面影响。

### 2.可持续发展的理念

在灾后重建中，可持续发展的理念被视为至关重要的指导原则。这一理念不仅强调在重建过程中满足社区的社会、经济和环境需求，同时注重资源的合理利用，避免过度开发，保护生态系统的平衡，旨在使治理过程不仅解决眼前问题，还能够为未来的可持续发展奠定基础。

首先，可持续发展的理念要求在灾后重建中综合考虑社区的社会、经济和环境需求。社会需求包括对居民基本生活需求的关注，如住房、医疗、教育等。经济需求则涉及创造就业机会、促进经济增长，使社区在灾后能够实现自主发展。同时，环境需求要求在重建过程中最大限度地减少对生态系统的冲击，保持自然环境的稳定性。

其次，可持续发展的理念注重资源的合理利用。在灾后重建中，对土地、水资源、能源等资源的利用需要符合可持续性原则，避免过度开发和浪费。科学的规划和管理手段有助于实现资源的有效利用，确保社区在重建过程中能够实现资源的可持续利用，不仅满足当下的需求，还保护了未来世代的权益。

另外，可持续发展的理念强调保护生态系统的平衡。在地质灾害治理和灾后重建中，生态系统的恢复和保护是关键任务。通过采用植被修复、生态工程等手段，我们可以有效地缓解土壤侵蚀、水土流失等问题，保护生态系统的完整性。此外，规范土地利用、减少污染排放也是保护生态平衡的重要举措。

最后，可持续发展的理念追求的是使治理过程不仅解决眼前问题，还有益于未来的可持续发展。通过在灾后重建中实践可持续发展的理念，我们可以建设更加强健、安全、适应性强的社区，为未来的地质灾害和其他挑战提供更好的应对能力。这一理念的实践不仅有益于当地社区，也为全球可持续发展目标的实现提供了有益的经验。

### （三）地质灾害治理的民众参与原则

1.社会参与的重要性

社会参与在地质灾害治理中的重要性不可忽视。治理项目的成效往往取决于当地社区居民的理解、支持和积极参与。因此，实施治理项目前进行广泛的社会参与成为一项基本原则。社会参与的深度和广度不仅有助于更全面地了解当地的地质环境，还能充分利用居民的经验和知识，提高治理项目的可行性和可接受性。

首先，社会参与有助于更全面地了解当地的地质环境。地质灾害的发生和演化与地域特征、气象条件等密切相关，而当地居民通常拥有对本地地质环境的深刻认识。通过与居民的交流和参与，治理项目的制定者能够更好地了解地方的地质特点、灾害历史和潜在风险，从而更科学地制定治理方案。社会参与也可以帮助识别可能存在的问题和挑战，为治理项目提供宝贵的参考意见。

其次，社会参与能够充分利用居民的经验和知识。当地居民通常对自己所在地的地质灾害有着独特的见解和经验，这些经验在治理项目中具有重要价值。通过与居民进行有效的沟通和合作，治理团队可以获取到实地经验，了解灾害影响下的社区动态，提高对当地问题的理解。这有助于更准确地评估治理风险和制定更切实可行的防灾措施。

此外，社会参与可以提高治理项目的可行性和可接受性。居民作为直接受益者和相关利益相关者，其对治理项目的认可和支持至关重要。通过广泛的社会参与，我们可以促使治理项目更好地满足社区的实际需求，减少可能的抵触情绪。居民参与治理决策的过程，能够增强其对治理项目的信任感，使其更愿意支持和配合治理工作。这种社会认同感和合作精神是治理项目取得成功的关键因素。

2.民众意见的整合

在治理项目的决策过程中，积极收集并整合民众的意见是一项至关重要的任务。这一过程不仅有助于提高治理方案的针对性和实效性，还能增强居民对治理过程的信任感，促使他们更积极地参与治理工作。

首先，积极收集民众的意见是确保治理方案全面考虑各方利益的关键。居民作为直接受益者和利益相关者，对于治理项目通常有独特的视角。通过定期组织公民听证会、座谈会、问卷调查等形式，治理团队可以获取到来自不同社区居民的看法，了解他们对地质灾害治理的期望、担忧和需求。这种多元的意见汇聚在一起，有助于形成更全面、科学的治理方案。

其次，将民众的意见整合到治理方案中，能够提高方案的实效性和可操作性。民众通常对当地地质环境有着深刻的认知，他们的经验和知识能够为治理方案提供宝贵的参考。通过与居民深入交流，治理团队可以更好地理解地方特有的地质情况、社区结构和居民生活习惯等因素，从而制定更切实可行的治理措施。整合这些地方性的见解，有助于确保治理方案更贴近实际、更具操作性，提高治理的实际效果。

此外，整合民众的意见还有助于增强居民对治理过程的信任感。居民参与决策的机会越多，他们对治理团队的信任程度就越高。通过透明的决策过程，及时向居民反馈他们提出的建议和意见得到了怎样的考虑和采纳，治理团队能够建立更加紧密的沟通和合作关系。这种透明度有助于减少信息不对称，消除误解，从而增强社区与治理团队之间的互信关系。

3. 教育与沟通

开展公众教育和信息沟通是地质灾害治理中确保民众参与的关键措施。举办培训、宣传活动，可以提高居民对地质灾害的认知水平，使他们能够更好地理解治理的必要性和措施。同时，建立定期的沟通机制，及时向社区发布有关治理进展和风险提示的信息，有助于增强社区的整体抵御能力。

首先，公众教育是提高居民地质灾害认知水平的有效手段。通过组织专业培训、讲座和研讨会，向居民普及地质灾害的基本知识、发生原因、防范措施等信息，有助于提高居民对地质灾害的警觉性。公众教育活动还可以利用多种媒体手段，如宣传册、视频资料等，将专业知识以简明易懂的方式传递给社区居民。通过这些教育活动，居民能够更深入地了解潜在的地质灾害威胁，提高对治理项目的理解和支持度。

其次，建立定期的信息沟通机制对于促进社区居民参与至关重要。治理团队应设立专门的信息发布渠道，向社区居民及时传递治理项目的最新进展、风险提示等信息。可以利用社交媒体、小区广播、宣传栏等多样化的方式，确保信息覆盖面广泛。同时，团队应积极回应居民的疑虑和问题，保持与社区的沟通。通过建立互动性强的信息沟通平台，治理团队能够更好地获取社区居民的反馈，形成与社区共同参与治理的良好氛围。

此外，信息沟通也包括风险提示和应急预警。在治理过程中，可能出现一些突发事件或潜在的灾害风险，治理团队应及时向社区发布风险提示信息，并提供相应的应急预警措施。通过建立紧急情况下的通信网络，我们可以迅速传递有关紧急状况的信息，提高社区居民的应对能力。这种信息沟通机制不仅有助于减轻灾害对社区的影响，也能够提高居民对治理团队的信任度。

## 二、治理项目的实施与效果评估

### （一）治理项目实施的科技支持

1. 遥感技术在灾害隐患区域监测中的应用

遥感技术通过卫星、航空器等平台获取的图像数据，可以为治理项目提供详细的地貌、植被、土地利用等信息，从而帮助治理团队准确识别潜在的地质灾害隐患区域。激光雷达技术则可以提供高精度的地形数据，为地质灾害的预测和规划提供科学依据。

2. 地理信息系统（GIS）在治理项目中的应用

GIS 是一个强大的空间信息管理工具，可用于整合、分析和可视化地质、气象、水文等多源数据。在治理项目中，GIS 可用于灾害风险评估、隐患区域的精确定位、规划治理措施等方面，提高治理项目实施的精准性和效率。

3. 先进的勘查技术的应用

治理项目的实施需要深入了解地下结构，先进的勘查技术（如地震勘探、电磁法勘查等）可以提供地下岩土体的信息，为地质灾害治理方案的设计提供准确的地质数据。

## （二）多层次、多方位的效果评估

1. 工程治理效果评估

工程治理效果的评估是地质灾害治理过程中至关重要的一环，主要涵盖了对工程结构的稳定性和防护措施的有效性等方面的检测。为了确保治理工程的稳定性和安全性，现代化的监测设备被广泛应用，包括变形监测仪器、地下水位监测系统等，以实时监测工程的运行状况。

首先，对工程结构的稳定性进行评估是评估工程治理效果的关键步骤。在地质灾害治理中，采用的工程结构包括各种防护设施和稳定结构，如挡土墙、护坡工程等。通过变形监测仪器等现代监测设备，我们可以实时监测工程结构的变形情况，包括位移、变形速率等指标，从而及时了解工程结构的稳定性。这为治理工程的长期稳定性提供了科学的数据支持，确保工程在不同地质条件下能够持久有效地发挥防护和稳定功能。

其次，对防护措施的有效性进行评估同样至关重要。地质灾害治理的防护措施涉及各种技术手段，如植被覆盖、挡土墙、引水排渍等。通过监测系统，我们可以实时获取防护措施的运行状况，包括植被的覆盖率、挡土墙的稳定性等。这些数据对于评估防护措施的实际效果至关重要，有利于及时调整和优化措施，确保其对地质灾害的有效防范。

采用现代监测设备的优势不仅在于其实时性，还包括数据的精准度和全面性。通过数据分析，我们可以更深入地了解工程治理效果在不同时间、地点的变化趋势，为治理工程的优化提供科学依据。这为治理工程的长效监测提供了先进的手段，使得治理工程在运行过程中能够及时发现潜在问题，采取相应的对策，确保其在不同地质条件下都能够持续发挥预期作用。

2. 社会效益评估

社会效益评估在地质灾害治理中具有重要的意义，它涵盖了多个方面，包括对灾民的安置情况、社区的重建进展及居民的生活水平等进行全面评估。通过社会调查、统计数据分析等手段，我们可以深入了解治理项目对当地社会的影响，评估社会效益的实现程度，从而更好地指导和改进治理工作。

首先，社会效益评估的一个关键方面是对灾民的安置情况进行考察。地质灾害治理可能伴随着灾民的疏散和迁移，因此对灾民的安置情况进行综合评估至关重要。这包括了安置点的选择、居住条件的改善、社会服务的提供等多个方面。社会调查可以帮助了解灾民的满意度、融入程度等指标，从而评估治理工程对灾民的社会效益。

其次，社会效益评估需要关注社区的重建进展。社区作为一个整体，其重建涉及基础设施的修复、公共服务设施的建设、社区经济的复苏等多个方面。通过统计数据和实地调查，我们可以全面了解社区重建的实际情况，评估治理工程对社区整体的社会效益产生的影响。这有助于及时发现问题，制定相应的改进措施，提高治理工程的社会效益。

此外，社会效益评估还需关注居民的生活水平。地质灾害治理的目的之一是提高受灾区域居民的生活质量，因此需要综合考察居民的收入水平、就业机会、基本生活条件等因素。社会调查和数据分析可以为评估居民的生活水平提供客观依据，从而判断治理工程是否对受灾居民的社会效益产生了积极影响。

3. 环境效益评估

治理项目对环境的影响评估是地质灾害治理过程中的重要环节。环境效益评估应当全面考虑治理项目对植被、水质、生态系统等方面的影响，通过使用环境监测设备，对治理项目实施后的环境状况进行定期监测，以确保环境效益的实现。

首先，植被的恢复是环境效益评估的一个重要指标。地质灾害治理过程中，往往伴随着大面积的植被破坏。因此，治理项目需要采取一系列措施来促进植被的恢复。环境效益评估通过监测植被覆盖率、植物物种多样性等指标，可以全面了解植被的恢复情况。这有助于评估治理项目在改善地表覆盖、减少水土流失等方面对环境的积极贡献。

其次，水质的改善程度也是环境效益评估的重要内容。地质灾害治理可能涉及水体的治理和管理，包括河流、湖泊等水域。环境效益评估可以通过监测水质指标，如水体的透明度、溶解氧含量、水体中的污染物浓度等，全面了解治理项目对水质的影响。这有助于评估治理项目是否能够有效改善水体环境，提高水质，保护水资源。

此外，生态系统的恢复速度也是环境效益评估的重要方面。生态系统是地球上生物与环境相互作用的复杂系统，地质灾害治理的成效直接关系到受影响区域的生态系统健康状况。通过监测生态系统的各项指标，如物种多样性、生态平衡等，我们可以评估治理项目对生态系统的影响，并判断生态系统的恢复速度和稳定性。

### （三）长效监测与风险管控

1. 建立长效监测机制

建立长效监测机制是确保地质灾害治理效果持久稳定的关键环节。随着社会对环境保护和自然资源可持续利用的日益关注，长效监测机制成为治理项目实现可持续发展的必要手段。该机制通过运用自动化监测设备、遥感技术等现代科技手段，对治理区域进行长期、定期的监测，旨在及时发现潜在问题并采取有效措施，以确保治理效果在时间尺度上的稳定性和可持续性。

自动化监测设备是长效监测机制的重要组成部分。这类设备可以实现对多项指标的实时监测，例如地表位移、土壤含水量、水质状况等。通过自动收集和传输数据，监测设备能够提供全面、高频的信息，使治理工程的运行状况得以被实时掌握。这不仅有助于及时发现治理区域内可能存在的问题，还为科学决策提供了数据支持，确保治理效果的长期稳定性。

遥感技术在长效监测中的应用也具有重要价值。通过卫星、飞机等遥感平台获取的高分辨率影像，我们能够实现对治理区域地貌、植被、水体等多方面信息的监测。遥感技术具有广覆盖、周期短、成本较低等优势，这使得治理区域的动态变化能够被全面而及时地捕捉。这有助于评估治理效果对地表特征的影响，从而为治理工程的改进提供科学依据。

长效监测机制的建立需要系统考虑监测指标的科学性和实用性。不同的治理项目可能涉及不同的地质环境和治理目标，因此监测指标的选择要充分考虑项目的特殊性。同时，监测数据的分析和解读也需要结合地质学、环境科学等多个领域的知识，确保监测结果的科学性和可靠性。

### 2. 动态风险管控

动态风险管控是地质灾害治理中至关重要的一环，因为地质灾害的风险是随着时间和地质环境的变化而动态演变的。治理项目需要根据这种动态性，不断进行风险评估和管控，采用先进的模型和技术，以及及时调整防护措施，以预防潜在的地质灾害风险。

在动态风险评估方面，先进的地质模型和遥感技术的应用至关重要。通过建立地理信息系统（GIS）和地质风险模型，我们可以综合考虑地质构造、地表形态、降雨等多个因素，对地质灾害的潜在风险进行动态评估。遥感技术能够提供高分辨率的地表信息，帮助实时监测地质灾害的迹象，从而更及时地发现潜在风险。

动态风险管控的核心在于及时调整防护措施，以适应不断变化的地质环境。这包括灵活的监测预警系统，能够在发现风险信号后迅速启动。例如，对于降雨引起的滑坡和泥石流风险，建立实时的雨量监测系统是至关重要的。一旦监测数据显示潜在的风险，治理项目应迅速采取相应的紧急措施，例如加强防护结构、实施紧急疏散等，以最大程度地减轻可能的灾害影响。

在风险管控的过程中，多学科的综合应用也是关键的。地质学、气象学、水文学等多个领域的知识需要协同工作，形成全面的风险评估和应对策略。此外，对历史灾害事件的分析也能够提供宝贵的经验教训，帮助我们更好地理解和应对当前地质环境的动态变化。

### 3. 应对措施的调整与优化

治理项目实施后，对于地质灾害风险的不断变化，我们必须进行灵活的、及时的应对措施调整与优化，以确保治理效果的长期稳定性。这一过程包括根据监测数据和风险评估结果，对治理项目中的各个方面进行不断修正、修复和优化，从而适应不断变化的地质环境。

监测数据是调整与优化的基础。通过自动化监测设备、遥感技术等手段，我们实时获取治理区域的数据，包括地表位移、水文状况、植被生长情况等。这些数据提供了治理效果的全面反映，为应对措施的调整提供了科学依据。例如，如果监测数据显示某区域的地表出现位移迹象，就需要考虑是否需要进一步的修复工程，以加固受影响区域。

根据监测数据和风险评估结果对治理项目中的修复工程进行修补和加固，这可能涉及土石方的重新调整、防护结构的维护、植被的再生等。修补和加固的具体措施要根据地质灾害类型和具体环境而定，例如，对于滑坡治理区域，可能需要采取重新排水、防护墙的加固等手段。

治理项目规划的更新也是调整与优化的重要环节。地质环境的变化可能导致原有规划方案不再适用，需要根据新的情况进行调整。这包括更新风险评估，重新评估受灾区域的潜在风险，以及更新治理项目的规划和设计，确保其能够更好地适应变化的地质环境。

在调整与优化的过程中，多学科的综合应用是必不可少的。地质学、水文学、工程学等多个领域的专业知识需要协同工作，确保调整与优化的决策具有科学性和可行性。此外，与当地社区和利益相关者的紧密合作也是成功调整与优化的关键，他们的反馈和建议能够为决策提供更全面的视角。

# 第五章　地质环境与国土规划

## 第一节　土地资源合理利用与保护规划

### 一、土地资源利用规划的制定与调整

#### （一）制定土地资源利用规划的背景与目的

1.制定土地资源利用规划的背景

土地资源利用规划的制定紧密关联着社会经济的发展状况。社会经济的动态变化在很大程度上影响着土地需求与供给的平衡。随着全球范围内人口不断增长、城市化进程不断加速及工业化趋势日益明显，土地资源的有效配置变得尤为关键。人口的增加对住房、基础设施、农业用地等方面提出了更高的要求，城市化和工业化的推进使得土地需求逐渐增大。因此，土地资源利用规划的制定必须充分考虑这些社会经济因素，以确保土地资源得到合理、可持续利用。

同时，生态环境问题的不断凸显也是土地资源利用规划制定的重要背景。随着人类经济活动的不断扩张，生态系统面临着严峻的挑战。环境污染、生物多样性丧失、气候变化等问题对人类的生存和发展构成了巨大的威胁。在这一背景下，土地资源利用规划需要积极响应生态保护的呼声，通过合理布局土地利用结构来实现经济发展和生态平衡的良性循环。规划应当强调生态环境保护，避免过度开发对生态系统的不可逆破坏，为未来世代提供可持续发展的土地资源。

2.制定土地资源利用规划的目的

土地资源利用规划的目的在于多方面的综合考虑，以实现可持续的社会、经济和生态发展。其中，首要目标是推动经济的可持续发展。通过科学合理的土地利用规划，确保土地资源的充分利用，避免过度开发和滥用，维护经济系统的稳定和健康。规划在此背景下应当注重资源的长期供需平衡，提高土地的产出效益，从而实现社会的经济可持续增长。

其次，规划旨在促进社会和谐稳定。通过合理的土地利用安排，规划应关注城乡一体化发展，避免过度城市扩张带来的社会问题。通过制定适宜的城市规划，规划者可以引导城市发展方向，实现城乡协调发展，减缓社会结构的不平衡发展趋势，进而实现社会和谐与稳定。

同时，规划的目标之一是保护和维护生态健康。规划者需要充分考虑土地利用对生态

环境的直接和间接影响，通过划定生态保护区域、设立生态廊道等手段，实现土地开发与生态健康的有机融合。规划应当致力于减少生态系统破坏，促进生物多样性的维护，为后续的生态平衡提供有力支持。

最后，规划的核心目标在于土地资源的有效利用与保护。规划需要确立明确的土地开发方向和重点，以实现土地资源的可持续利用与保护。通过科学技术手段的支持，规划者可以实现对土地资源的精准管理，避免资源的浪费和环境的恶化。在这个过程中，规划需要平衡社会、经济和生态的多重利益，以求实现可持续的土地资源利用。

### （二）制定过程中的科学方法和技术手段

#### 1.科学方法

在土地资源利用规划的制定过程中，科学方法的运用对于确保规划的科学性和准确性至关重要。三个主要的科学方法包括地质勘查、地理信息系统（GIS）和遥感技术。

地质勘查是规划制定的基础步骤之一。通过对土地的详细地质勘查，规划者可以深入了解土地的地质特征、地下水情况，以及潜在的地质灾害隐患。这项工作为规划提供了科学的地质基础，有助于确保规划的可行性和安全性。通过分析地质特征，规划者能够预测土地的承载能力，从而合理规划土地的开发和利用。此外，地质勘查还可以帮助规划者评估地下水资源的分布状况，为合理的水资源管理提供科学依据。

地理信息系统（GIS）技术在规划中扮演着至关重要的角色。GIS为规划者提供了先进的空间分析工具，使其能够对土地资源进行全面的空间分析。通过对地理信息的系统收集、整合和分析，规划者能够更全面、准确地了解土地资源的分布情况。GIS技术可以整合各类地理数据，包括地形、气候、土壤类型等，为规划提供立体化、多层次的信息。这使得规划者能够更好地理解土地资源的空间关系，为规划的空间布局提供科学支持。同时，GIS还可以帮助规划者进行决策分析，评估不同土地利用方案的影响，为规划的科学性提供数据支持。

遥感技术是另一项在土地资源利用规划中广泛应用的科学方法。通过获取高分辨率的卫星图像，遥感技术可以提供关于土地覆盖变化的详细信息。这些信息对于监测土地资源的动态变化至关重要。规划者可以借助遥感技术实时获取土地资源的大范围动态信息，有助于及时调整规划以适应变化的需求和环境。遥感技术的高精度、高时效性为规划提供了强有力的数据支持，有助于规划的实时性和准确性。

#### 2.技术手段

在土地资源利用规划的制定过程中，技术手段的运用对于提高规划的科学性和实用性起着关键作用。三项主要的技术手段包括数据模型、人工智能和三维可视化技术。

数据模型是一种重要的技术手段，通过建立土地资源利用的数据模型，规划者可以更好地模拟土地利用的变化趋势，为规划提供科学的数据支持。这些模型可以基于历史数据和未来预测，帮助规划者理解土地资源的动态变化，并对未来可能的发展趋势进行预测。通过数据模型，规划者可以进行不同方案的模拟分析，评估各种利用方式对土地资源的影响，从而制定更为精准、科学的规划方案。

人工智能技术在土地资源利用规划中的应用逐渐增多。通过机器学习算法，规划者可以分析大规模的地理数据，挖掘隐藏在数据中的规律，为规划提供更深入的科学依据。人工智能可以处理大量的数据，快速识别模式，并预测未来的土地利用趋势。通过智能算法的运用，规划者可以更准确地了解土地资源的特征，发现潜在的问题和机遇，为规划的决策提供智能化的支持。

三维可视化技术是一种直观而强大的技术手段，能够将规划方案以生动的方式呈现出来。通过虚拟现实（VR）和增强现实（AR）技术，规划者可以生成具有真实感的三维模型，使规划方案更具可视性。这种技术不仅有助于决策者更好地理解规划的内容，也能够让社会公众积极参与和理解规划的意义。通过三维可视化技术，规划者可以直观地展示土地资源的空间布局、景观特征等，有助于沟通与合作，提高规划的透明度和社会接受度。

### （三）规划的调整与更新机制

1. 灵活性原则

规划需要具备一定的灵活性，能够适应社会经济和自然环境的变化。在规划制定的初期，规划者就应当考虑未来的不确定性因素，为规划留下调整的余地。

2. 定期评估与监测

建立健全的监测体系是规划调整的基础。定期对规划进行评估，获取土地资源利用的动态信息，及时发现问题和变化，为规划的调整提供实时数据支持。

3. 参与公众与利益相关者

规划的调整不仅应当依靠专业团队，还需要广泛征集社会公众和利益相关者的意见。通过公众参与，规划者可以更全面地考虑各方利益，提高规划的可行性和接受度。

4. 地质环境变化考虑

规划调整必须充分考虑地质环境变化对土地利用的影响。地质环境的变化可能包括地质灾害的发生、地下水位的变化等，这些因素对土地资源的可持续利用和规划的实施都有着直接的影响。因此，在规划调整过程中，规划者应当通过地质监测和评估，及时了解地质环境的变化趋势，以制定符合地质安全要求的土地利用规划。

5. 法律法规的遵循

规划的调整必须符合相关的法律法规。在规划制定的过程中，规划者就需要充分考虑国家、地区的法规要求，确保规划的合法性和合规性，调整时同样需要审慎遵循法规，避免违法行为对土地资源利用带来的负面影响。

## 二、地质环境对土地规划的影响

### （一）地质条件对土地开发利用的限制与指导

1. 土地适宜性与地质条件的关系

土地适宜性与地质条件的关系是土地规划中至关重要的考虑因素。地质条件直接塑造着土地的物理性质和环境特征，从而在很大程度上决定了土地是否适宜特定的利用方式。在进行土地规划时，规划者的首要任务是对地质条件进行详细的调查和深入分析，以了解不同地区的地质特征，其中包括岩性、地层结构、地下水情况等多个方面。

了解地质条件的目的是确定土地的适宜性特性。例如，在软弱地层的区域，由于地基承载能力有限，可能不适宜进行高层建筑的开发。这是因为软弱的地层容易发生沉降，从而对建筑物的结构稳定性产生不利影响。另外，在岩溶地貌区域，可能面临地下水位变化的问题。岩溶地貌通常伴随着溶洞和地下水系统，而地下水位的波动可能导致土地沉降的问题。因此，对这一类地质条件的了解有助于规划者在土地利用中避免潜在的问题，确保土地的安全性和可持续性。

这种对地质条件的科学认知使规划者能够明确各类地质条件下的用地规划原则。这包括但不限于在软弱地层区域强调多层建筑或采用特殊地基技术，以增强建筑物的抗震和稳定性；在岩溶地貌区域设定地下水位监测系统，及时响应地下水位变化，调整土地利用方式。通过这种科学的规划方式，规划者能够更加有效地应对不同地质条件带来的挑战，使土地的利用更加合理和可持续。

2. 地质条件与土地利用的限制

不同地质条件对土地的可利用性施加着显著的限制，这种复杂而多样的地质影响在土地规划中需要被充分考虑。例如，在沿海地区，土地利用受到海侵的威胁，这可能导致土地退化、植被丧失、土壤盐碱化等问题。沿海地区的土地可利用性受到海洋动力学、潮汐、风暴潮等自然因素的制约，因此在规划中规划者必须谨慎，避免在高危险区域进行不适当的开发，以保护土地生态系统的完整性和人类财产的安全性。

另外，地下水位过高的地区容易发生涝灾，这对土地的农业利用、居住建设等方面产生严重的限制。过高的地下水位可能导致土壤饱和，影响植物的生长，同时也增加了建筑物的基础稳定性风险。因此，在这类地区，土地规划需要明确指定合适的土地利用方式，如湿地保护、水文调控等，以最大限度地减少涝灾对土地利用的负面影响。

此外，山地地区常常存在滑坡、泥石流等地质灾害的风险，这对土地利用提出了更为严峻的挑战。山体地貌的不稳定性和地质结构的特殊性，使得这些地区容易发生地质灾害，给居民和土地利用带来威胁。在土地规划中，规划者必须制定严格的规范，避免在潜在的滑坡或泥石流风险区进行建设或其他大规模的土地利用活动。通过科学的地质调查和风险评估，规划者可以划定高风险区域，制定相应的应对策略，从而减缓或避免地质灾害对土地利用的不利影响。

这样一种细致入微的土地规划方法对于保护生命和财产安全，降低自然灾害对土地利用的不利影响至关重要。通过充分了解不同地质条件下土地利用的限制，规划者可以制定更为科学、合理的规划策略，确保土地的安全性和可持续性。这种基于地质条件的规划理念不仅关乎土地的健康发展，更为广大社会和环境的安全奠定了坚实的基础。

3. 土地规划中的地质评估与区域差异

在土地规划中，地质评估是确保规划科学性和可行性的关键步骤。这一环节旨在通过深入的地质调查和勘查，全面了解土地的地质条件，为规划提供科学的依据和数据支持。通过地质评估，规划者可以获取大量的地质信息，包括岩性、地层结构、地下水位等，从而全面把握土地的物理特性和潜在的地质问题。

地质评估的手段包括地质勘查、地质调查等。通过地质勘查，规划者能够详细了解土地的地质特征，例如岩石的性质、地下水的分布等。这为规划提供了科学的地质基础，有助于确定土地的可利用性和潜在的开发限制。地质调查则通过采样、测试等方法，获取更为精确的地质数据，为规划提供准确的土地信息。

在规划过程中，地质评估需要充分考虑地质条件的差异性。不同地区的地质特征各异，因此规划者应根据地质条件的不同，制定差异化的规划策略。例如，在软弱地层的区域，规划者可能需要强调低层建筑或采用特殊地基技术，以增强建筑物的抗震和稳定性。相反，在岩溶地貌区域，规划者可能需关注地下水位变化，设定相应的水资源保护措施。

这种因地制宜的规划方式有助于更好地解决不同地区面临的地质问题。通过地质条件的差异性，规划者可以明确土地的开发潜力和限制，从而制定更为科学和实际可行的规划策略。这种个性化的规划方法有助于提高土地利用的效益，使规划更加符合实际情况，最大程度地发挥土地的潜力。

## （二）地质环境与土地灾害风险的评估

1. 地质环境与土地灾害的关联性

地质环境与土地灾害之间存在紧密的关联性，这一关系直接影响着土地规划的科学性和灾害风险的评估。在不同地质条件下，土地灾害的类型和频率各异，因此，在土地规划中充分考虑地质环境对土地灾害风险的影响成为一项至关重要的任务。

首先，软弱的地基土层容易发生地震引起的液化现象。软弱的地基土层通常指的是含水量较高、密实度较低的土壤，在地震发生时，由于地震波的作用，这些土层可能发生流变现象，使土体失去支撑力，导致地表液化。这种现象在发生后可能导致建筑物的倒塌、地基沉降等问题，对土地利用带来重大威胁。在土地规划中，规划者需要特别对软弱地基土层区域进行详细的地质评估，明确液化风险区域，制定相应的建设规范和防范措施，以降低液化引发的灾害风险。

其次，陡峭的地形容易导致山体滑坡。在地质环境中，地形起伏剧烈的地区，如山脉和丘陵，存在较大的滑坡风险。这是因为在这些地区，地表坡度陡峭，土壤的保持力减小，而降雨、地震等自然因素可能诱发土体的滑动。土地规划者需要通过地质勘查和滑坡风险评估，明确滑坡潜在区域，制定合理的土地开发和利用规划，以降低滑坡对人类活动和基础设施的危害。

2. 地质灾害风险评估的科学性

在土地规划中，地质灾害风险评估的科学性至关重要，其基础在于采用科学方法和可靠数据进行全面的分析。通过借助现代地学技术和数学模型，规划者能够更准确地评估土地灾害风险，为规划提供科学的依据和决策支持。

首先，地质勘查是评估地质灾害风险的基础。通过实地调查和采样，规划者可以获取土地地质信息，包括岩性、地层结构、地下水位等。这些翔实的地质数据为分析潜在的灾害源提供了科学依据，为规划者制定风险评估模型提供了基础数据。

其次，遥感技术在地质灾害风险评估中发挥着重要作用。通过卫星和航空遥感技术，规划者可以获取大范围、高分辨率的地表信息。这些信息包括植被覆盖、地形起伏等因素，这对于评估灾害源和受灾体的分布具有重要意义。遥感技术还可以监测地表形变等变化，及时发现潜在的灾害迹象，为风险评估提供实时、全面的数据支持。

另外，数学模型的建立对于风险评估的科学性至关重要。数学模型可以综合考虑地质条件、气象因素、地形等多种因素，通过建立概率模型、统计模型等，定量评估土地灾害的可能性和影响程度。模型的建立需要基于可靠的数据和先进的计算方法，以确保评估结果的准确性和科学性。

3.规划中的地质灾害预防与减灾策略

在土地规划中，明确地质灾害风险区域并制定科学的预防与减灾策略是关键步骤，旨在降低土地利用活动对地质灾害的敏感性，减轻灾害对人类生活和财产的影响。

首先，对于容易发生滑坡的区域，规划者可以采取植被覆盖、坡度调整等手段来减少滑坡的发生概率。植被的根系有助于巩固土壤，减缓水分流失，从而提高土地的抗滑性。此外，通过调整坡度，规划者可以降低地表的坡度，减缓水流速度，有助于减少水土流失和滑坡的发生。这些预防措施旨在通过改善地表覆盖和地形特征，降低地质灾害的风险。

其次，规划中应当避免在高风险区域进行敏感性较高的建设。通过明确地质灾害风险区域，规划者可以合理划定建设限制区，阻止或限制对高风险区域的开发。例如，在容易发生地震液化的区域，规划者可以限制高层建筑或设定相应的抗震标准，以降低建筑物的灾害风险。这样的规划策略有助于在建设之初就考虑地质灾害的风险，减少灾害可能带来的损失。

此外，规划者还可以制定应急预案和救援计划，提高社区的自救互救能力。通过培训居民对地质灾害的认知，制定疏散路线和安全避难点，规划者可以在灾害发生时更迅速、有效地进行救援工作，最大限度地保障人们的生命财产安全。

## （三）地质环境对土地生态的影响

1.地质环境与土地生态系统

地质环境与土地生态系统之间存在深刻的相互影响，不同的地质条件直接塑造土地的物理、化学和水文地质特性，从而对土地生态系统的形成和发展产生显著影响。在土地规划中，规划者必须充分考虑地质条件对土地生态系统的影响，以确保可持续的土地利用和生态健康。

首先，地质条件直接影响土壤的性质。不同地质条件下的土壤具有不同的成分和结构，如在火山岩区域，土壤可能富含矿物质，而在沉积岩区域，土壤可能较为肥沃。这种地质条件对土地的适宜用途和植被分布产生显著影响。在土地规划中，规划者需要通过详细的地质勘查，了解土壤的物理、化学特性，为合理的土地利用提供科学基础。

其次，地质条件对水文地质过程产生直接影响。地下水的分布、流动和质量受地质条件的影响较大，这直接关系到土地上的湿地、泉水和水源地的形成。在规划中，规划者需要通过地质勘查和水文地质分析，了解地下水位、水质状况，以制定合理的土地利用策略，保障水资源的合理利用和生态系统的健康发展。

此外，地质条件还影响土地上的植被分布和生物多样性。例如，在石灰岩地区，可能存在独特的喀斯特地貌，对植物的生长和栖息环境有着特殊的影响。因此，规划者需要考虑地质条件对植被的影响，制定相应的保护和恢复策略，以维护土地上的生态平衡和生物多样性。

2. 土地规划中的生态保护原则

在土地规划中，生态保护原则是关键的考虑因素，以确保土地生态系统的完整性和可持续性。考虑到地质环境对土地生态的影响，规划者需要明确一系列生态保护原则，以应对不同地质条件下的生态挑战。

首先，划定生态敏感区域是生态保护的基础。在规划中，规划者通过详细的地质勘查和生态评估，可以确定一些对人类活动敏感、生态环境脆弱的区域。例如，在岩溶地区，独特的地下溶洞系统可能对人为干扰极为敏感，因此需要将这些区域划定为生态敏感区域，采取一系列保护措施，以防止产生不可逆的生态破坏。

其次，保留生态通道是规划中的关键措施之一。考虑到地质条件可能形成一些自然生态通道，规划者应当努力保留这些通道，以促进生物多样性的流动和迁徙。例如，河流、山谷等地质特征可能形成重要的生态通道，规划中可以设立保留带或自然走廊，保障这些通道的畅通，这有助于维护生态系统的连接性。

另外，设立自然保护区是一种常见的生态保护手段。在规划中，规划者可以通过划定自然保护区，将特定地区列为受到特殊保护的区域，禁止或限制人类活动，以保护其独特的生态系统。例如，在规划中设立岩溶自然保护区，可以保护岩溶地貌、溶洞等独特的自然景观，防范人为干扰对其破坏。

3. 地质条件与土壤质量

地质条件对土壤质量有着直接而显著的影响，不同地质条件下的土壤性质呈现出多样性，这对土地规划和可持续土地利用至关重要。在考虑地质条件与土壤质量之间的关系时，规划者需要采取相应的土壤保护和改良策略，以确保土地的健康、富饶和可持续利用。

首先，不同地质条件下的土壤性质存在显著差异。例如，在酸性岩石地区，土壤可能呈酸性，这可能对某些植被的生长不利。相反，在碱性岩石地区，土壤可能呈碱性，影响着不同植物群落的适应性。规划者在土地规划中必须充分考虑这些地质条件对土壤的直接影响，通过详细的土壤调查和分析，了解土壤的酸碱度、质地、有机质含量等特性，为科学合理的土地利用提供基础。

其次，制定土壤保护和改良策略是土地规划中的重要任务。在规划中，规划者需要针对不同地质条件下的土壤特性，制定相应的保护和改良方案。例如，在酸性土壤区域，规划者可以考虑施用石灰进行中和，提高土壤的肥力。在盐碱土地区，规划者可以采取排水、淋洗等方法降低土壤的盐碱度。通过这些策略，规划者可以有效减轻地质条件对土壤质量的负面影响，促进土地的可持续利用。

另外，合理的土地利用规划还能减少土壤侵蚀的风险。在地质条件不同的区域，土壤侵蚀的潜在风险也各异。规划合理的植被覆盖、防护林带等措施，可以有效减缓水土流失，提高土壤的保持力，有助于维护土地的生态功能和可持续利用。

# 第二节　地质环境保护与城乡规划融合

## 一、城市化进程中的地质环境问题

### （一）城市扩张对地质环境的影响

1.城市土地大量开发与建设

随着城市化进程的不断推进，城市对土地资源的大量开发和建设在一定程度上破坏了原有的自然地质平衡。这一进程涉及大规模的土地填充、平整和开挖等活动，引起了一系列复杂的地质环境问题，其中包括但不限于土地沉降、地面裂缝等。

（1）土地填充与平整

在城市扩张的过程中，为满足不断增长的人口和经济需求，土地填充和平整成为常见的手段。这涉及将原有的地表形态改变为更适宜城市建设的形式。然而，过度的填充可能导致土壤的松散和沉积物的不稳定，增加了地基的不均匀性，从而引发土地沉降。

（2）地表覆盖变化引发的地质问题

城市土地的大规模开发改变了地表覆盖的特性，这对地质环境产生深远影响。土地的覆盖变化可能引发地表沉降，尤其是在填海造地和填埋区域。这种沉降可能是由于填充材料的沉降、土壤压缩等因素导致的，其结果可能包括地面下陷和建筑物的沉降。

（3）地面裂缝的形成

土地的大规模开发和建设可能导致地下水位下降和地下水流动方向的改变，进而引发地表的开裂。地面裂缝的形成可能是由于土壤的干燥和收缩，也可能是由于沉积物的变形和沉降。这些裂缝不仅对城市地貌产生影响，还可能影响到基础设施的稳定性。

（4）城市基础设施的安全问题

地质环境问题对城市基础设施的安全性构成直接威胁。城市中的道路、桥梁、地铁等基础设施如果建立在地质不稳定的区域，可能因为土地沉降、地面裂缝等问题而受到损害。这对城市的正常运行和居民的生活造成潜在风险。

（5）地质调查与科学规划

为了应对城市土地大量开发与建设中的地质环境问题，规划者必须进行全面的地质调查和科学规划。地质调查可以深入了解地质结构、土壤性质、地下水位等因素，为科学规划提供数据支持。科学规划则需要综合考虑土地利用、城市建设、环境保护等多方面因素，确保城市的可持续发展和居民的安全。

2.地表覆盖变化引发的地质问题

城市扩张所带来的地表覆盖变化对地质环境产生直接而深远的影响。土地利用方式的改变不仅可能引发土地沉降，尤其在填海造地和填埋区域，还可能导致地下水位的变化，增加地质灾害的潜在风险。以下我们将深入探讨这些问题的成因、影响及相应的应对策略。

（1）土地沉降的成因

土地填充与压实是城市化过程中常见的土地利用方式，然而，这一过程可能导致土地沉降。填充过程中使用的土壤和材料通常与原有地质条件不尽相同，其物理性质和稳定性可能存在差异。因此，填充后的土地易受外部力的作用，如建筑物的载荷、交通负荷等，进而引发土地的压实和沉降。填充土的不均匀性和变形性是导致土地沉降的重要原因之一。特别是在高度城市化的地区，由于大规模的填充活动，土地沉降问题更加突出。

另外，地下水抽取也是导致土地沉降的重要因素。城市化过程中，为满足城市及周边地区的用水需求，大量进行地下水抽取。这导致了地下水位的下降，进而影响土壤的含水量和稳定性，当土壤失去足够的水分支持，就会发生沉降。地下水位下降引发的土地沉降通常是一个相对缓慢但长期的过程。

（2）地表覆盖变化与地下水位的关系

地表覆盖变化与地下水位的关系在城市化过程中至关重要。

首先，城市化导致的大规模建设和地表覆盖变化对地下水产生了直接的影响。原本覆盖在土地表面的自然植被和土壤层在城市化过程中被建筑物、道路和人工覆盖物所取代。这些人为覆盖物通常减少了地表的渗透性，阻碍了雨水迅速渗透到地下。这导致了地下水的补给减少，使得地下水位逐渐下降。这种关系表明，城市化过程中的地表覆盖变化直接影响了地下水系统的水文循环。

其次，地下水位下降引发了一系列问题。其一，土壤因失去足够的水分而变得干燥，这可能导致土壤的物理性质发生变化，包括土壤的膨胀和收缩。这样的土壤变化增加了土地沉降的风险，尤其在原本具有湿润条件的地区更为显著。其二，地下水位下降还可能导致地下水质的变化。随着地下水位的降低，地下水中的溶解物质浓度可能增加，对地下水生态系统和周边生态环境产生负面影响。

（3）影响与潜在风险

土地沉降和地下水位下降带来的影响和潜在风险在城市规划和管理中至关重要。

　　首先，土地沉降对城市的影响是显著的。土地沉降可能导致建筑物的倾斜和裂缝的形成，严重时甚至危及建筑物的结构安全。这对城市中的基础设施，如道路、桥梁和管道，都带来了巨大的稳定性问题。特别是在高度城市化的地区，大规模的土地沉降可能引发城市运行中断、交通拥堵和人民的安全隐患。因此，在城市规划中，规划者必须认真考虑土地沉降对建筑和基础设施的潜在威胁，采取有效措施来减缓或避免土地沉降的发生。

　　其次，地下水位下降带来的潜在风险同样不可忽视。地下水位下降可能引发多种地质灾害，包括地裂缝和地面沉降。地裂缝的形成可能对土地稳定性和建筑物的基础产生负面影响，而地面沉降则可能导致城市地表不平整，影响交通和城市景观。此外，地下水位下降还可能引发地下水质变化，对周围的生态环境和地下水生态系统造成损害。因此，城市规划中规划者需要对地下水位下降的潜在风险进行科学评估，并采取适当的管理和保护措施，以确保城市的可持续发展。

　　3.城市过度开发地区的地质灾害风险

　　在高度开发的城市地区，地质灾害的潜在风险显著增加，其主要受到城市化过程中的人类活动影响。这些活动包括大规模的基础设施建设、挖掘和填充等，容易引发地裂缝、地滑、泥石流等地质灾害。以下我们将深入探讨这些问题的成因、影响及相应的应对策略。

　　（1）地质灾害的成因

　　基础设施建设活动是地质灾害的成因之一。大规模的基础设施建设，如地铁、高速公路、桥梁等，通常伴随着大量的土方工程和挖掘活动。这些工程可能破坏原有的地质平衡，导致土壤的不稳定性增加，进而引发地质灾害的风险。例如，挖掘过程可能使得岩土体失稳，引发滑坡、坍塌等灾害。

　　土地填充与开发也是引发地质灾害的重要原因。为了满足城市用地需求，我们常常进行土地填充和大规模的开发活动。这些活动不仅改变了地表的结构，而且可能扰动原有的地下水体和土层结构，从而诱发地滑、塌方等地质灾害。特别是在地质条件脆弱的地区，土地填充和开发可能对地质环境造成严重破坏。

　　地下水抽取是另一个重要的地质灾害成因。为满足城市居民和工业的用水需求，我们进行大量的地下水抽取。随着地下水位下降，土壤失去了水分的支撑，可能导致土壤干燥和收缩，从而增加地质灾害的发生概率。特别是在地下水位下降较为严重的地区，地面可能出现下陷、塌陷等问题。

　　（2）地质灾害的影响

　　地质灾害对城市的影响多方面而深远，主要表现在以下几个方面：

　　首先，地质灾害对基础设施的威胁不容忽视。城市的基础设施，如地铁、桥梁等，往往是城市运行的重要支撑。然而，地质灾害可能对这些基础设施造成严重威胁。例如，地铁隧道受到地滑的影响可能运行中断，桥梁因地裂缝而危险。这给城市的交通和生活设施带来重大影响，可能引发连锁性的问题，影响城市的正常运行。

其次，地质灾害对房屋安全构成危害。如果居民住宅区域处于地质灾害的高风险区域，可能受到地滑、泥石流等威胁。这不仅对居民的生命安全构成直接威胁，还可能造成房屋的损毁和财产的严重损失。特别是在地质灾害频发的地区，对居民的住房安全进行有效的规划和管理显得尤为重要。

最后，地质灾害的发生可能导致土地生态系统的破坏。地质灾害常常伴随着土地表面的变动，可能引发植被的损失、水资源的污染等问题。这对土地的生态平衡和可持续发展构成负面影响。因此，在城市规划中规划者需要综合考虑地质灾害的潜在风险，通过科学的手段降低灾害的发生概率，保护城市的生态环境。

### （二）地下水资源的开发与利用

#### 1.地下水资源的过度开发

城市化进程中，地下水资源的过度开发是一个备受关注的问题。为满足不断增长的工业、农业和居民生活需求，城市经常对地下水进行大量的抽取和开发。然而，这种过度的开发对地下水系统产生了深远的影响，引发了一系列问题。

首先，过度开发可能导致地下水位下降。地下水是地球上深层土壤和岩石中的水分，是维持生态系统平衡的重要组成部分。城市的大量抽取使得地下水位下降，破坏了原有的水文地质平衡。这不仅对城市周边的自然生态系统造成了负面影响，也影响了地下水系统的稳定性。

其次，过度开采地下水对生态系统产生直接影响。地下水位下降可能导致土壤干燥，对植被生长和生态系统的恢复构成威胁。生态系统中的植物和动物通常依赖于稳定的水源，而地下水位下降可能导致一些湿地区域失去水源，影响物种的分布和生存状况。

此外，过度开采地下水还可能引发地层沉降。地下水的过度抽取导致了地下土层的空隙减少，土壤的收缩和沉降可能会影响地表的稳定性。这对城市基础设施和建筑物的稳定性构成潜在威胁，可能导致建筑物的倾斜、裂缝的形成，对城市的安全和可持续发展构成挑战。

#### 2.地下水位下降的影响

地下水位下降是城市开发中普遍存在的问题，其引发的一系列影响涉及土壤稳定性、地层沉降及对建筑物和基础设施的损害。这些影响直接威胁着城市的可持续发展和人们的生活安全。

首先，地下水位下降导致地下水对土壤的支持作用减弱，进而影响土壤的稳定性。土壤在饱和状态下能够提供足够的支持，但当地下水位下降时，土壤将失去部分水分，引起土壤干燥和黏结。这种变化可能导致土壤的物理性质发生改变，使得土壤的强度和稳定性减弱。

其次，地下水位下降可能引发地层沉降。由于地下水对土层的支持作用减弱，土层中的颗粒可能发生重新排列，导致土层的压实和沉降。地层沉降是一种逐渐进行的过程，但其累积效应可能在较长时间内引起显著的地表沉降，对城市的地理环境和基础设施形成潜在威胁。

此外，地下水位下降对建筑物和基础设施可能产生直接的损害。建筑物通常依赖于稳定的基础土壤来保持结构的完整性，而地下水位下降引起的土壤沉降可能导致建筑物的倾斜、裂缝的形成，严重时甚至影响建筑物的结构安全。基础设施如管道、桥梁等也可能受到地下水位下降引起的地层变动的影响，进而发生损坏或破坏。

3. 科学规划与管理地下水资源

在城市化进程中，科学规划和管理地下水资源显得至关重要。城市规划者在进行地下水资源管理时必须全面考虑城市发展需求、地下水资源的可持续性，以及对生态环境的保护等多方面因素，以确保地下水资源得到合理开发和利用。以下是几个重要的科学规划和管理措施：

首先，设立地下水补给区。通过科学勘查和评估，确定城市周边的地下水补给区，即水文地质条件良好、能够有效补给地下水的区域。这样的区域应当受到保护，避免过度开发和不合理利用，以维护地下水系统的平衡。

其次，制定合理的地下水开发配额。在规划中，规定每个区域可开发的地下水数量，以确保开发活动不超过地下水资源的可再生量。这需要科学依据，考虑到地下水充注速率、水文地质特征等因素，以合理规范地下水的开采。

再次，推动水资源的多元利用。除了依赖地下水，城市还应推动多元化的水资源利用，包括收集、利用雨水、重视水资源的再生利用等，通过建立多元化的水资源供应体系，降低对地下水的过度依赖，实现水资源的可持续利用。

最后，建立科学的监测与管理体系。引入先进的监测技术，实时监测地下水位、水质等数据，建立科学的地下水资源管理体系。及时了解地下水系统的动态变化，以便调整开发策略，保障城市用水的稳定供应。

## 二、城乡规划中的地质环境保护要点

### （一）深化地质勘查与规划整合

1. 地质勘查的深化与规划的有机整合

在城乡规划中，深化地质勘查是确保规划科学性和可行性的基础步骤。通过系统和高精度的地质调查，规划者可以充分了解土地的地质结构、土壤性质、地下水情况等关键地质信息。这些数据为城乡规划提供了科学的地质基础，为明晰各地区的地质特征提供了可靠的依据。

地质勘查的深化意味着对地质条件的全面了解，包括地质构造、岩性分布、地下水位等方面。通过采用现代地质勘查技术，如地电法、地磁法、地震勘查等，规划者可以获取更为准确和全面的地质数据。这些数据对规划中的土地利用、建设项目选择、环境保护等方面提供了有力支持。

将地质因素有机整合到城乡规划中是确保规划科学性的重要环节。这需要规划者综合考虑地质因素与社会、经济、生态等因素的相互关系，以确保规划既符合地质条件，又满足城乡发展的实际需求。特别需要强调的是，在潜在地质风险区域，规划者应制定合理的开发限制和规范，避免过度开发，以保障城乡的可持续发展。

城乡规划中的有机整合不仅仅是将地质因素纳入规划考虑，还包括与其他规划因素的有机结合，形成全面的城乡规划框架。例如，在选择建设项目时，规划者需要综合考虑地质条件、生态环境、社会经济等多个方面，制定科学的建设方案。这有助于规划的综合性和协同性，提高规划的实施效果。

2.地质信息的数字化与规划决策的支持

随着科技的发展，地质信息的数字化在城乡规划中发挥着日益重要的作用，为规划决策提供了更为强大的支持。利用先进的技术手段，特别是地理信息系统（GIS），规划者能够更全面、直观地展示地质信息，进行精细化的空间分析，从而为城乡规划的决策提供科学依据。

数字化的地质信息具有以下几个方面的优势：

（1）空间可视化

通过GIS技术，规划者可以将地质信息以图形、图表等形式进行空间可视化展示。这使得地质特征、地质灾害风险分布等信息更加清晰、直观，有助于规划者全面理解城乡地质条件。

（2）空间分析

数字化的地质信息使得规划者能够进行更为精细和准确的空间分析。通过GIS工具，规划者可以对不同地区的地质条件进行层次化的评估，识别潜在的地质灾害风险区域，为规划的差异化和有针对性提供支持。

（3）数据整合

数字化的地质信息可以与其他规划数据进行有机整合。通过与人口分布、土地利用、生态环境等数据的关联，规划者能够更全面地分析城乡规划中的多个因素，实现综合性的规划决策。

（4）实时更新

数字化的地质信息系统可以实现实时更新，及时反映地质环境的变化。规划者在制定长期规划时，能够更好地考虑未来的地质变化趋势，提高规划的适应性。

数字化的地质信息为城乡规划提供了更为准确、全面的数据基础，为规划决策的科学化和智能化提供了有力支持。随着技术的不断发展，数字化地质信息的应用将在城乡规划中发挥越来越重要的作用，为可持续发展提供更加科学的规划决策。

3.地质环境风险评估与规划风险防范机制

在城乡规划中，地质环境风险评估是确保规划科学性和可行性的重要步骤。规划者在进行地质环境风险评估时，需深入了解地质条件，包括土壤特性、地下水位、地质灾害潜在风险等。这种科学评估有助于揭示潜在的地质风险区域，提前识别可能影响城乡建设的地质问题。

为建立规划风险防范机制，规划者首先需要制定科学的地质灾害风险评估模型。这可以通过整合地质勘查数据、地质调查成果及先进的遥感技术等手段来完成。综合考虑地质条件、气象因素等多方面因素，规划者可以建立相对准确的地质风险评估模型，定量评估土地灾害的可能性和影响程度。

规划者需要根据地质环境风险评估的结果，制定相应的规划风险防范措施。这包括但不限于规划调整、土地利用限制、灾害预警与监测系统的建设等。例如，在地质风险较高的区域，规划者可以设立防灾避险用地，避免在潜在灾害风险区进行高风险的建设。

规划者还应加强与地质专业机构的合作，充分利用地质专业知识和技术手段。这有助于提高规划者对地质环境风险的认知水平，制定更加切实可行的规划方案。同时，建立起城乡规划与地质环境的信息共享机制，确保规划过程中的地质信息得以及时传递和更新。

### （二）优化生态空间布局与地质条件协同

#### 1.生态空间布局与地质条件协同考虑的必要性

城乡规划中，生态空间布局与地质条件的协同考虑是确保城乡可持续发展的必要步骤。这一协同考虑的重要性在于既要满足城乡建设的需求，又要保护和维护地质环境，实现生态与地质的协同发展。

首先，明确生态敏感区域是协同考虑的重要方面。通过深入的地质勘查，规划者可以了解不同区域的地质条件，包括土壤特性、地下水位、地质灾害潜在风险等。基于这些信息，规划者能够划定生态敏感区域，避免在地质条件脆弱的区域进行大规模建设。这有助于减少对地质环境的破坏，降低潜在的地质风险。

其次，将地质条件作为布局的重要参考因素。在城乡规划中，合理的土地利用布局对地质环境的保护至关重要。规划者可以根据地质条件的差异，确定不同区域的开发潜力和限制，制定相应的规划策略。这种因地制宜的规划方式有助于更好地解决不同地区面临的地质问题，提高土地利用的效益。

科学规划，还能够合理配置城市绿地和自然保护区。生态空间布局的合理性可以通过保留自然生态系统、划定生态保护区、设立绿地网络等方式实现。这有助于提高城市地区的生态可持续性，保护和改善生态环境。

#### 2.城乡规划中的生态景观规划与地质环境保护

生态景观规划在城乡规划中的角色至关重要，它旨在通过合理规划城市与自然景观，实现城市与自然的和谐共生。在这一过程中，规划者需要深刻考虑地质环境对景观的潜在影响，以确保规划的可持续性和地质环境的保护。

首先，生态景观规划需要全面考虑地质条件。通过进行详尽的地质勘查，规划者可以获取关于土壤特性、地下水位、地质灾害潜在风险等方面的信息。这些地质信息对于规划生态景观至关重要，因为地质条件的不同可能导致景观元素的差异，例如植被的适应性、水体的稳定性等。因此，规划者需要将这些地质因素纳入考虑，以制定更具科学依据的生态景观规划。

其次，在河岸带规划中，生态景观规划的实施更需要充分考虑地质条件的影响。河岸带往往是地质灾害发生的敏感区域，包括河流侵蚀、泛滥等。规划者在设计河岸带的利用方式时，需要科学评估地质环境的稳定性，避免在潜在的地质风险区进行不适当的开发。例如，采取防洪工程、保护自然湿地、设置绿道等手段，有助于实现河岸带的合理利用和地质环境的有效保护。

3. 保护重要地质遗迹与城乡规划的文化遗产整合

在城乡规划中，对于具有极高科学和文化价值的地质遗迹的合理保护是至关重要的。规划者在制定城乡规划时，应全面考虑这些重要地质遗迹，通过整合其保护与利用，建立文化遗产保护机制，以确保这些珍贵的自然资源在城市与农村的发展中得到适当的呵护。

首先，规划者需要认识到一些地质遗迹不仅仅是自然景观，更是承载着丰富地质文化的历史见证。这些地质遗迹可能包括特殊的岩石地貌、化石遗存等，它们对于理解地球演变、生物进化等过程具有独特价值。在城乡规划中，规划者应确保对这些地质遗迹的科学保护，通过建立专门的文化遗产保护机制，明确合理的管理措施，以防止不当的人为干扰和破坏。

其次，为了保护重要地质遗迹，规划者需要在规划过程中制定合理的土地利用规划。周边土地的开发和利用需要遵循科学的原则，避免对地质遗迹造成不可逆的损害。规划者可以通过设立保护区、限制开发强度、制定相关保护政策等手段，确保地质遗迹周边环境的和谐与稳定。

通过文化遗产与地质环境的有机整合，城乡规划不仅可以实现对自然地质资源的有效保护，更能够传承和弘扬地质文化。这种整合既有助于推动城市与农村的可持续发展，同时也为公众提供了更多了解和欣赏自然之美的机会。通过规划者的精心设计，城乡规划可以成为地质文化传承的载体，为后代留下宝贵的自然遗产。

## （三）制定土地资源的可持续利用规划

1. 科学评估土地承载能力与规划的可持续性

土地资源的可持续利用规划是城乡规划中的关键环节，而科学评估土地的承载能力成为确保可持续性的基础。在制定这样的规划时，规划者必须通过科学手段对土地承载能力进行全面评估，考虑多种因素，包括地质条件、土地类型、水资源状况等，以建立科学合理的土地承载能力评估模型。

首先，地质条件是土地承载能力评估中至关重要的因素之一。不同地质条件下的土地性质存在差异，例如，在软弱的地基土层容易发生液化现象，而坡度陡峭的地形则容易导致山体滑坡。因此，规划者需要深入了解地质环境，通过地质勘查和数据收集，建立科学的地质条件评估体系。

其次，土地类型的综合考虑也是科学评估的重点。不同类型的土地在可持续利用方面存在着差异，例如，农田、湿地、山地等各自承载能力有所不同。通过土地类型分类，规划者可以更好地理解土地的功能和特性，为不同类型土地的合理利用提供科学依据。

水资源情况是土地可持续性的另一个重要方面。水资源的体量直接关系到土地的生态健康和人类活动的可持续性。科学评估需考虑降水分布、地下水位、水质等多方面因素，确保土地的水资源得到充分利用，同时避免过度开发导致水资源枯竭。

通过科学评估土地的承载能力，规划者能够确定各类土地的开发潜力和限制。这有助于制定可持续规划，合理引导土地利用，降低对地质环境的不良影响。科学的土地承载能力评估模型为规划者提供了有力工具，使得城乡规划更具科学性、可操作性和可持续性。

2. 土地类型的适宜性评估与合理利用

土地类型的适宜性评估在城乡规划中具有关键作用，通过科学评估，可以实现土地资源的合理利用，减少对地质环境的不良影响。规划者在进行这方面的工作时，需要全面考虑地质条件对土地的影响，以确保土地用途的科学和可持续性。

首先，地质条件对土地类型的适宜性评估至关重要。不同地质条件下的土地性质存在显著差异，而这些差异将直接影响土地的适宜用途。例如，软弱地层容易发生沉降，因此不适宜用于高层建筑的开发。岩溶地貌区域则可能存在地下溶洞，需要谨慎开发以避免不可逆的地质灾害。通过对地质条件的全面了解，规划者能够建立科学的土地适宜性评估体系，为土地利用提供科学依据。

其次，土地类型适宜性评估需要充分考虑土地的功能和特性。不同类型的土地在生态系统、农业、工业等方面具有独特的功能。科学评估土地的适宜性可以帮助规划者理解土地的多功能性，从而在规划中合理配置各类土地。例如，在农业用地规划中，我们需要考虑土壤肥力、排水情况等因素，确保农业用地的可持续利用。

3. 制定灾害防范规划

制定灾害防范规划是城乡规划中至关重要的一项任务，特别是在考虑地质灾害的潜在风险时。为了确保城乡建设的安全性和可持续性，规划者需要综合考虑地质灾害的潜在性，制定科学合理的防范规划和应对机制。

首先，规划者应当明确潜在地质灾害的风险区域。这需要进行详尽的地质勘查和评估，了解区域内的地质条件、土壤特性、地下水位等因素，识别潜在的滑坡、泥石流、地裂缝等地质灾害风险。通过科学的风险评估，规划者能够确定潜在灾害的程度和可能影响的区域，为后续的规划提供基础数据。

其次，制定相应的灾害防范规划是必不可少的。规划者需要根据不同区域的地质风险，采取相应的防范措施。例如，在容易发生滑坡的区域，可以采取植被覆盖、坡度调整等手段，减少滑坡的发生概率。在岩溶地区，可以建设地下溶洞监测系统，实施有效的防治措施。科学规划有助于有效避免在高风险区域进行敏感性较高的建设，减轻土地灾害对人类生活和财产的影响。

此外，规划者还需建立规划风险防范机制。这包括建设科学合理的防灾设施，如防滑墙、堤坝等，以抵御潜在的地质灾害。同时，建立规划区域的监测与预警系统，及时掌握地质环境的变化，为紧急应对提供科学依据。通过这些机制的建立，城乡建设的安全性和可持续性得以提升。

# 第三节 地质灾害风险区划与规划布局

## 一、地质灾害风险区划的理论与方法

### （一）理论基础

地质灾害风险区划是基于地质灾害发生的概率、危害程度和暴露程度等因素，将区域划分为不同的风险区域，为规划、建设和防灾减灾提供科学依据，其理论基础主要包括概率论、风险评估理论、地质灾害学等。通过综合运用这些理论，我们可以建立科学的地质灾害风险区划模型。

### （二）方法与技术手段

在实际操作中，地质灾害风险区划采用多种方法与技术手段。地质勘查、遥感技术、数学模型等被广泛用于数据获取和分析。地质勘查提供地质灾害隐患信息，遥感技术用于监测地表变化，数学模型则能够对各种因素进行综合评估。地理信息系统（GIS）的运用使得区划更加直观、精准。综合运用这些方法和技术手段，我们可以构建全面、科学的地质灾害风险评估体系。

## 二、区域规划中的地质灾害防范考虑

### （一）地质灾害风险综合评估

地质灾害风险综合评估是区域规划中的一项重要工作，通过对地质灾害的多方面因素进行系统评估，旨在科学地了解地区的地质灾害风险特征，为规划者提供有针对性的信息，以制定相应的防范策略。以下是关于地质灾害风险综合评估的详细阐述：

地质灾害风险综合评估首先需要收集并分析地质灾害的历史数据。通过研究过去发生的地质灾害事件，规划者可以了解其类型、频率、空间分布等特征，为未来的风险评估提供基础数据。历史数据的分析还能帮助确定可能的潜在危险因素，为评估提供参考。

其次，综合考虑潜在危险因素。这包括地质条件、气候特征、地形地貌、土壤类型等因素。通过科学的地质调查和勘察，规划者可以获取有关地质特征的详细信息，例如地震活动性、滑坡易发区、泥石流形成条件等。同时，气象数据和气候特征的分析也是评估地质灾害风险的关键步骤。

人口分布和基础设施的情况也是综合评估的重要考虑因素。人口密集区域和关键基础设施可能更容易受到地质灾害的威胁，因此需要将这些因素纳入评估范围。GIS技术的应用可以帮助规划者更好地空间分析地区内人口和基础设施的分布情况。

综合评估需要采用数学模型和GIS技术进行风险程度的定量分析。数学模型可以基于历史数据和潜在危险因素，计算出不同地区的地质灾害风险指数。GIS技术则可以对空间数据进行集成和分析，生成地质灾害风险的空间分布图。这些工具的应用有助于规划者全面了解区域内各类地质灾害的风险状况。

最后，通过科学的评估结果，规划者可以有针对性地制定相应的防范策略。这包括在高风险区域限制建设、制定应急预案、规范土地利用等方面的措施，以降低地质灾害对区域的影响。

### （二）防灾减灾规划与布局

1.地质灾害风险的区域规划布局

在区域规划的布局中，充分考虑潜在地质灾害的风险是确保规划的科学性和可行性的关键步骤。这一过程涉及多学科的综合考量，旨在避免在高风险区域进行重点建设，最大程度地选择相对安全的用地，以减少潜在地质灾害对区域的不利影响。

首先，规划者在进行区域规划布局时需要深入研究地质环境，充分了解潜在的地质灾害隐患。这包括对地质勘查数据、历史地质灾害事件、地形地貌等因素的全面分析。通过整合这些信息，规划者能够识别出潜在的高风险区域，为规划布局提供科学依据。

其次，规划布局中需要将高风险区域进行合理划分和标示。引入地质灾害风险综合评估的成果，将区域划分为不同的风险等级，标明潜在的地质灾害风险程度，这有助于规划者在布局中明确高风险区域的位置，从而避免在这些区域集中规划重点建设项目。

在布局过程中，规划者需要优先考虑低风险区域进行城市建设和重要基础设施的规划。这包括居民区、商业区、工业区等功能区域的布局，以及交通、水源、能源等基础设施的规划。在高风险区域，规划者应当限制重要建设项目，尤其是涉及人员密集区域的建设，以确保人员和财产的安全。

此外，在规划布局中，规划者还应当考虑土地的适宜性和承载能力，综合考虑地质环境与土地资源的可持续利用。通过科学的规划，规划者可以在确保地质环境安全的前提下，实现土地资源的合理利用，促进区域的可持续发展。

2.防灾减灾措施的制定

在地质灾害风险区域规划中，制定科学合理的防灾减灾措施是确保区域安全的关键步骤。这一过程需要综合考虑地质环境、社会经济因素和人口分布等多方面因素，通过合理的规划布局和技术手段，有效减轻潜在地质灾害带来的影响。

首先，规划者需要充分了解潜在的地质灾害风险，包括滑坡、泥石流、地裂缝等。通过细致入微的地质勘查和灾害风险评估，明确高风险区域和潜在危险源，为制定防灾减灾措施提供科学依据。

其次，合理设置疏散通道是制定防灾减灾措施的关键之一。在规划中，规划者需要明确各个区域的疏散通道，确保居民在灾害发生时能够快速有序地撤离。这包括制定疏散路线、建设疏散通道、设置疏散点等，以提高人员疏散效率。

建设防护工程也是防灾减灾的重要手段。规划者可以考虑在高风险区域设置防护措施，如拦挡坝、挡土墙、防护林等。这些工程能够减缓地质灾害的发展速度，减轻其破坏力，为居民和财产提供有效的防护。

此外，规范土地利用是减轻地质灾害影响的重要举措。在规划中，规划者要避免在高风险区域进行过度开发，尤其是建设高密度人口区域和重要基础设施。合理规划土地利用结构，减少对潜在灾害源的暴露，从而最大限度地降低地质灾害的风险。

### （三）制订应急预案与培训计划

#### 1.科学的地质灾害应急预案

在地质灾害风险区域规划中，制订科学合理的地质灾害应急预案是确保社区和居民安全的重要环节。这一预案需要在规划阶段就着重考虑，以便在灾害发生时能够迅速、有序地开展救援和恢复工作。

首先，应急预案需要明确潜在地质灾害的类型和规模。通过细致入微的地质勘查和历史灾害数据的分析，规划者可以辨别可能发生的地质灾害，包括但不限于滑坡、泥石流、地裂缝等。这样的初步了解是预案制定的基础。

其次，建立应急响应机制是预案的核心。规划者需要预先确定相关的应急管理机构、人员职责、通信体系等。明确灾害发生时的指挥系统，确保信息传递畅通，各个环节协同有序。同时，要提前培训应急人员，确保其具备处理地质灾害情境的应对能力。

预案还应包括应急避难场所的设置和管理。规划者需要在安全区域规划应急避难场所，确保这些场所能够在紧急情况下提供安全的庇护。合理安排场所的数量、位置和容量，以应对可能的大规模疏散需求。

制订疏散计划也是应急预案中的重要组成部分。规划者需要明确疏散的路线、方式和目的地，确保居民能够在最短时间内有序撤离高风险区域。此外，规划中还需考虑特殊人群的疏散需求，如老年人、儿童和残障人士。

应急预案需要不断更新和完善。规划者应定期进行演练和评估，根据演练结果和社区变化情况，及时修订和完善预案内容。这有助于提高应对灾害的灵活性和实际效果。

#### 2.人员培训计划的制订

制订人员培训计划是地质灾害规划中的一项重要内容，旨在提高相关人员的认知水平和应对能力，确保他们能够在地质灾害发生时有效参与救援和恢复工作。培训计划的制订需要结合具体区域的实际情况，注重实战演练，以确保人员能够熟练掌握应对地质灾害的关键技能。

首先，培训计划应明确培训的对象。这包括但不限于应急响应人员、社区志愿者、政府工作人员、医疗救援人员等。不同职责的人员需要接受不同程度和类型的培训，确保其在地质灾害发生时能够胜任相应的任务。

其次，培训内容应全面覆盖地质灾害的认知、评估、救援和恢复等方面。培训的内容需要根据地质灾害的类型和频发程度进行调整，以确保培训的实际效果。例如，在滑坡多发地区，培训计划可能侧重于滑坡的预测与监测、疏散和紧急避难措施等方面。

培训计划还应注重实际操作和演练。模拟地质灾害的场景，让相关人员在模拟环境中进行实际演练，提高其在实际工作中的应对能力。这样的实战演练有助于培训对象更好地理解紧急情况下的操作流程，提高应对灾害的效率和准确性。

培训计划的制订还需考虑培训资源的合理利用，包括培训场地、教材、培训讲师等，确保培训过程中的资源充足，以提高培训的实效性。

最后，培训计划应包括定期评估和更新的机制。随着地质灾害防范和救援技术的不断发展，培训内容和方式也需要不断更新和完善。定期评估培训效果，及时调整培训计划，以适应不断变化的地质灾害形势。

# 第六章 地质工程与环境保护

## 第一节 岩土工程在环境保护中的应用

### 一、岩土工程的基本原理与范畴

#### （一）基本原理

##### 1. 土体的力学性质

土体的力学性质包括土体的抗剪强度、抗压性、弹性模量等。了解土体的这些性质对于基坑工程、边坡工程等的设计和施工具有重要作用。抗剪强度的研究可以帮助工程师评估土体的稳定性，抗压性的研究有助于设计基础结构的承载能力，而弹性模量则关系到土体的变形特性。

##### 2. 岩石的力学性质

岩石的力学性质涉及抗拉、抗压、抗剪强度等方面。这些性质对于隧道工程、地基处理等岩土工程项目至关重要。例如，在隧道工程中，了解岩石的强度和变形特性对于支护结构的设计和隧道稳定性的评估至关重要。

##### 3. 土体的渗透性

渗透性是指水分在土体中传导的能力，对于基坑工程、地基处理等具有排水要求的工程至关重要。深入了解土体的渗透性有助于规划合适的排水系统，防止地下水对工程产生不利影响。

##### 4. 土体的变形特性

土体的变形特性包括压缩性、蠕变性等，这些特性对基础工程的设计和施工具有指导意义。了解土体的变形规律有助于预测工程在不同荷载条件下的变形，从而采取适当的处理措施，确保工程的稳定性和安全性。

#### （二）岩土工程的范畴

##### 1. 基坑工程

基坑工程涉及地下开挖形成基坑，通常与建筑工程紧密相关。在基坑工程中，岩土工程的基本原理用于评估土体的稳定性、设计基坑支护结构，确保基坑施工的安全性和有效性。

## 2.边坡工程

边坡工程关注土坡或岩坡的稳定性分析与处理。通过应用岩土工程的原理，工程师能够评估自然坡和人工坡的稳定性，采取相应的防护和支护措施，防止坡体滑坡或坍塌。

## 3.地基处理

地基处理包括对基础土方的加固与处理，旨在提高土体的承载能力和稳定性。岩土工程的原理在地基处理中用于选择合适的加固方法，如土钉墙、灌浆加固等，以改善地基土体的工程性质。

## 4.隧道工程

隧道工程涉及地下岩土的开挖和支护。岩土工程的原理用于评估岩石的强度、稳定性，指导隧道的设计和支护工作，确保隧道施工的安全和有效性。

# 二、岩土工程在环境修复中的作用

## （一）环境修复需求

### 1.土壤与水体污染

环境修复的需求通常源于土壤和水体的污染，这些污染可能来自工业废物、化学物质泄漏等。有害物质的存在对生态系统和人类健康构成潜在威胁，因此需要岩土工程的介入来进行修复。

### 2.有害物质种类

有害物质的种类多种多样，包括重金属、有机化合物等。这些物质可能对土壤肥力、水体生态系统等产生不良影响。岩土工程需要深入了解这些有害物质的性质和分布，以制定有效的修复策略。

### 3.生态系统与人类健康的保护

环境修复的最终目标是保护生态系统的健康和人类健康。通过岩土工程手段修复受污染的土壤和水体，可以减少有害物质对植被、动物和人类的危害，恢复受影响区域的生态平衡。

## （二）地基处理应用

### 1.通风处理

地基处理中的通风处理是通过通风设备促使土壤中的气体流通，有助于挥发有害气体，降低有害物质浓度。这对于受有机污染的土壤修复非常关键。

### 2.堆肥处理

对于有机物质的污染，岩土工程可以采用堆肥处理方法。这种处理方式通过微生物的作用，降解有机物质，减轻土壤的污染程度。

### 3.固化处理

固化处理是通过添加固化剂，使土壤中的有害物质固化成坚固的体系，减缓其释放速度，降低对环境的威胁。这在处理重金属等有害物质方面具有一定的效果。

### （三）边坡工程的应用

#### 1.稳定土壤层

边坡工程的设计目标之一是确保土壤层的稳定性，防止由于污染物侵蚀导致土壤层的坍塌。岩土工程通过合理的边坡工程设计，保障了土壤层的结构完整性，阻止有害物质的向下渗透。

#### 2.污染物阻隔

边坡工程可以作为一种防护措施，阻隔污染物的扩散。通过添加防护层或采用合适的植被措施，岩土工程帮助减缓有害物质通过土壤的传播，维护了受影响区域的生态平衡。

## 第二节　地下水资源保护与地下工程

### 一、地下水资源的特点与重要性

### （一）分布广泛的水资源

#### 1.地下水的广泛分布

地下水广泛分布于地球的岩石和土壤之中，形成了一个丰富而广泛的深层水资源网络。这一水体分布的广泛性在城市、农田和自然生态系统中都起着至关重要的作用，为各地提供了丰富的水源，为人类的生活和工业发展奠定了基础。

首先，地下水的广泛分布涵盖了各种地质环境，包括不同类型的岩石和土壤。无论是沙砾岩、石灰岩、花岗岩等各种岩石，还是砂、泥、壤土等不同质地的土壤，都可能储存并输送地下水。这使得地下水资源在地球的不同地域都得以分布，形成了地下水层和水系，为不同地区提供了水资源的基础。

其次，地下水的广泛分布对城市和农田供水至关重要。在城市中，地下水为居民提供饮用水、工业用水等各类生活必需水资源。农田则通过地下水灌溉系统，有效解决了农业用水的需求，支持着农业的发展。这种广泛的供水方式确保了城市和农田的正常运转，促进了社会的可持续发展。

另外，地下水的分布也对自然生态系统有着深远的影响。地下水是湿地、河流和湖泊的重要补给源，维持了这些生态系统的稳定运行。在自然生态中，植被通过地下水的补给实现了生长发育，同时地下水的流动也影响着土壤湿度，对生态系统的结构和功能有重要的调控作用。

#### 2.地下水资源可利用性的基础

地下水的广泛分布为地下水资源的可利用性提供了坚实的基础。这一深层水资源的分布覆盖了地球不同地域的岩石和土壤，形成了庞大的地下水体系。在地质工程领域，合理开发和管理这一资源是确保水资源可持续利用的关键措施，尤其是在满足不同地区和行业的用水需求方面发挥着至关重要的作用。

首先，地下水广泛分布于各种地质环境之中，包括不同类型的岩石和土壤。这种分布不仅涵盖了沙砾岩、石灰岩、花岗岩等多种岩石，也包括了砂、泥、壤土等不同质地的土壤。这样的多样性使得地下水可以在不同的地理条件下存在，并为不同地区提供了丰富的水源选择。

其次，地下水的可利用性与其储量和水质的稳定性密切相关。相比地表水，地下水不容易受到气象条件的直接影响，因此在水质和水量上相对较为稳定。这为地下水资源提供了更为可靠的基础，使其成为城市和农业供水的主要来源之一。

在地质工程中，合理开发和管理地下水资源是确保其可持续利用的重要任务。这包括科学规划和布局城市用水系统，采取有效的水资源管理措施，以满足不同地区和行业的用水需求。例如，在城市规划中，我们可以通过科学配置建筑和基础设施，合理利用雨水和污水处理再利用等技术手段，最大化地减少对地下水的依赖，实现水资源的多元利用和可持续管理。

### （二）储量大且相对稳定

#### 1. 巨大的储水容量

地下水储量庞大，其储水容量通常远远超过地表水体。这为长期和大规模的水需求提供了充足的储备，使其在面对气候和季节变化时表现相对稳定，具有重要的水资源管理价值。

地下水的储水容量之所以巨大，与其分布在地球深层岩石和土壤中的特性密切相关。地下水广泛分布于各类地质环境中，包括沉积岩、火山岩、结晶岩等不同类型的岩石，以及砂、泥、壤土等多种质地的土壤。这种多样性使得地下水形成了庞大而复杂的水文体系，其储水容量相对较大。

地下水储量的庞大还与地下水位下方的岩石和土壤孔隙结构有关。这些孔隙可以存储大量水分，形成地下水的储水层。这些储水层的特点是可以长时间储存水分，而且相对稳定，不容易受到气候变化和季节变化的直接影响。相比之下，地表水受到气温、降水等因素的直接影响较大，容易发生季节性和气候性的波动。

在水资源管理方面，地下水的巨大储水容量为社会提供了可靠的水源。在长期和大规模的水需求场景下，地下水的储备能够为城市供水、农业灌溉等提供稳定的水量支持。这对于满足日益增长的用水需求、缓解季节性水资源供需矛盾及应对气候变化等方面具有积极的意义。

#### 2. 相对恒定的水质和水量

地下水相对恒定的水质和水量是其在水资源管理中的独特优势之一。与受气象条件直接影响的地表水相比，地下水在水质和水量方面表现出更为稳定的特性，这对于可持续水资源利用至关重要。

首先，地下水的水质相对恒定。由于地下水储存在深层岩石和土壤中，受到的污染相对较少。地下水的过滤作用使其在渗透过程中能够自然净化，去除水中的杂质和污染物。相对较长的地下水路径和储存时间也有助于进一步净化水质。因此，地下水通常具有较好的水质，不容易受到表层污染物的直接影响，使其成为可靠的饮用水源和工业用水来源。

其次，地下水的水量相对稳定。由于地下水位深，其水量不容易受到短期气象变化的显著影响。在地下水系统中，水分储存在孔隙中和裂隙中，形成储水层，其释放和补给通常较为缓慢。这使得地下水在面对气候季节变化时表现出相对恒定的水量特性。相比之下，地表水容易受到降雨量的短期影响，导致水量波动较大。地下水的相对稳定水量有助于提供可靠的水资源供给，特别是在干旱季节或干旱地区。

### （三）供水的重要组成部分

#### 1.城市和农业供水的主要来源

地下水是城市和农业供水的关键来源，其在居民生活、工业用水和农业灌溉中发挥着重要作用。这一水源的广泛应用对于维持城市和农业系统的正常运行至关重要。

在城市方面，地下水作为供水系统的主要来源之一，为居民提供了可靠的饮用水和工业用水。许多城市依赖地下水来满足日常生活、商业和工业生产的用水需求。由于地下水相对稳定的水质和丰富的储备，其被认为是一种可靠的供水选择。城市供水系统通过地下水的提取、净化和分配，确保了城市居民的正常生活和工业活动的持续进行。

在农业方面，地下水广泛用于灌溉，是维持农作物生长的主要水源之一。农业灌溉对于提高农田产量和确保农业生产的稳定性至关重要。地下水通过灌溉系统输送到农田，满足植物对水分的需求，有助于在干旱季节或缺水地区维持农业生产的正常进行。农业的可持续发展和粮食安全与地下水的合理管理和利用密不可分。

#### 2.稳定的储量与水质

地下水以其庞大且相对稳定的储量及相对较好的水质，成为城市和农业供水的可靠选择。其储量的巨大规模为不同季节和用水高峰期的需求提供了强大的支持，确保了供水系统的可持续性。

首先，地下水的储量庞大，通常远远超过地表水体。这种储备规模意味着即使在枯水期或气象条件不佳的情况下，地下水仍能够提供充足的水量。这对于城市和农业系统来说至关重要，因为它们需要应对不同季节和气象条件下水需求的变化。

其次，地下水的水质相对较好，相比之下受到的污染较少。相对稳定的水质意味着提取的地下水在大多数情况下都能够符合饮用水和工业用水的标准。这在城市供水中尤为重要，因为居民对水质的高要求需要可靠的水源来满足日常生活和工业生产的需要。

### （四）维持生态平衡与可持续发展

#### 1.湿地、河流和湖泊的重要补给源

地下水在湿地、河流和湖泊中扮演着不可或缺的角色，成为这些生态系统的重要补给源，维持了它们的水文平衡。湿地生态系统特别依赖地下水的补给，这对于维持湿地功能、生物多样性和水质具有至关重要的作用。

首先，地下水是湿地的关键水源之一。湿地通常位于低洼地区，是地下水在地表形成的区域。地下水通过渗透和涌泉等方式向湿地提供水分，维持了湿地的湿润状态。湿地在水资源的过滤和净化中发挥着重要作用，通过湿地的土壤和植被，许多污染物被截留和转化，使水质得以改善。

其次，地下水是河流和湖泊的重要补给源。河流和湖泊的水体通常受到地下水的补给，尤其在干旱季节或低水位期间，地下水的输入对于维持水体的流动和稳定至关重要。地下水的渗漏进入河流和湖泊，不仅提供了水量，还有助于维持水体的水温和溶解氧等水质参数。

从生态系统的角度看，地下水的重要性不仅体现在其作为水源的供给方面，还涉及湿地生态系统的生物多样性。地下水的变化直接关系到湿地植物的分布和生长，进而影响着湿地中的生态链条。

2.对生态系统稳定运行的关键性作用

地下水在维持生态系统的稳定运行中扮演着关键性的角色。其作为一种重要的水源，对于在干旱季节和气候变化中维护植物、动物和微生物的生存与繁衍起着至关重要的作用。

首先，地下水的重要性体现在其作为可靠水源的特性。在干旱季节或气候变化导致地表水减少的情况下，地下水成为支撑生态系统的主要水源之一。由于地下水储量相对较大且相对稳定，它能够弥补地表水的不足，确保植物、动物和微生物在水资源方面得到满足。

其次，地下水的补给特性有助于维持生态系统的水文平衡。地下水通过渗透进入土壤，形成地下水位，维护了植被的根系所需的水分。这一水文平衡对于植物的正常生长、动物的栖息繁衍及微生物的生态功能都至关重要。

此外，地下水在支持湿地生态系统方面也发挥着关键作用。湿地通常依赖于地下水的补给，确保湿地内的水位维持在适当水平。湿地生态系统对于水质的净化、生物多样性的维护及防止洪灾等方面都具有重要作用，而地下水的供给是维持湿地健康的不可或缺的条件之一。

## 二、地下工程对地下水环境的影响

### （一）基坑工程对地下水位的影响

1.基坑工程概述

基坑工程是在地下挖掘并形成深坑以容纳建筑物或其他结构的工程。在基坑工程中，挖掘深度通常会达到或超过地下水位，因此其施工可能对地下水位产生直接的影响。

2.地下水位下降的可能性

在地下水位较浅的区域，基坑工程的挖掘可能导致地下水位下降。这种下降可能会影响周边地区的水循环，降低地下水的可利用层次，对水资源的可持续利用造成潜在的负面影响。

## （二）隧道工程对地下水流动的干扰

### 1.隧道工程施工过程

隧道工程涉及地下挖掘和建设，其施工过程可能对地下水流动产生直接干扰。挖掘和支护工作可能改变地下水的流动方向和速度。

### 2.地下水流路径的变化

隧道工程的进行可能导致地下水流路径的变化，尤其是在水文地质条件复杂的区域。这种变化可能影响周边地区的水资源分布和水循环。

## （三）合理规划与管理的必要性

### 1.选择合适的施工技术

为减少对地下水环境的负面影响，我们必须选择适当的施工技术。例如，采用无开挖技术或者采用合适的支护结构，以减缓地下水位下降的速度。

### 2.监测地下水位变化

在地下工程进行过程中，我们应建立有效的监测系统，实时追踪地下水位的变化。这有助于及时发现问题并采取相应的调整和补救措施。

### 3.采取保护措施

采用各种工程和技术手段，例如增设水平排水系统、构建合适的围护结构，以最大限度地减小对地下水环境的干扰。

## （四）地下水资源的可持续管理

### 1.纳入整体水资源管理计划

为确保地下水资源的可持续利用，地下工程应纳入整体水资源管理计划。这需要协调各方利益，确保工程进行的同时保护水资源的长期健康。

### 2.综合考虑地下水位、水质、水流动方向等因素

水资源管理应该综合考虑地下水位、水质和水流动方向等因素，以制定全面、科学的管理措施，保障地下水的可持续利用。

## （五）水文地质调查的重要性

水文地质调查对地下工程的进行具有不可替代的作用。这项调查不仅仅是程序上的一环，更是确保地下工程成功和可持续发展的基石。充分的水文地质调查为地下工程提供了全面的水文地质信息，包括地下水位、水文地质构造、水文地质层序等，这些信息对于准确了解地下水环境现状至关重要。

首先，水文地质调查为地下水位提供准确的数据。了解地下水位的深度和变化趋势是预测地下水对地下工程的影响的重要基础。水位的上升或下降可能影响工程的稳定性，因此及时获取水位数据对规划和施工阶段都至关重要。

其次，水文地质调查关注水文地质构造，即地下岩层的性质和分布。了解地下岩层

的渗透性、稳定性等特性，可以为地下工程选择合适的施工方式和工程方案提供依据。不同的地质构造可能需要不同的工程处理方式，而水文地质调查提供了判断这些参数的重要数据。

此外，水文地质调查还涉及水文地质层序的研究。了解地下水文地质层序的分布和特性，有助于判断地下水的流动方向和速度。这对于避免地下工程对周边地下水环境造成不利影响至关重要。通过合理的水文地质层序分析，我们可以规避一些潜在的地下水流问题，确保地下工程的可持续发展。

# 第三节　地质工程技术创新与可持续发展

## 一、地质工程技术创新的驱动因素

### （一）对资源的合理利用

1.资源勘查与利用效率提升

地质工程技术的创新受到对自然资源合理利用需求的驱动，这一创新在资源勘查与利用效率提升方面具有显著的意义。新技术在资源勘查领域的广泛应用，特别是遥感和激光扫描等先进勘查技术的运用，为科学规划资源开发提供了更为准确和高效的信息，从而显著提高了资源的利用效率。

在资源勘查方面，先进的遥感技术通过卫星和航空平台获取地表信息，能够高效获取大范围的地质、矿产等数据。这种技术具有高精度、高分辨率的特点，可以实现对地下资源的立体感知。激光扫描技术则通过激光束对地表进行精确扫描，获取地形、地貌等详细信息，为地下资源的精准勘查提供了新的手段。

这些技术的应用使得资源勘查不再依赖传统的实地勘查方式，而是能够通过遥感影像、数字地图等数字化信息实现更为全面和深入的勘查。通过对地下资源的高精度探测，我们可以更准确地评估资源储量、分布情况，为资源的科学开发和合理利用提供可靠的科学依据。

另外，这些技术在资源利用中的应用也涉及了提升资源利用效率的方面。通过对资源储量和分布的全面了解，我们可以制订更科学合理的资源开发计划，避免对资源的过度开采。这有助于减缓资源枯竭的速度，推动资源的可持续利用。

2.降低能源开采成本

地质工程技术的创新在降低能源开采成本方面具有重要作用。通过对地下油气、煤矿等能源资源的深入勘查和引入高效开采技术，我们可以有效提高能源的开采效率，从而降低整体能源开采的成本。

首先，新型的勘查技术为地下能源资源的发现提供了更为准确和全面的数据支持。利用先进的地质勘查工具，如遥感技术、激光扫描等，我们能够对地下资源进行高精度的勘查，实现对油气储层、煤矿分布等情况的全面了解。这种全面的勘查信息有助于科学规划开采方案，减少盲目开采，提高资源开采的精准性。

其次，高效开采技术的引入能够提高能源开采的效率。例如，在油气开采中，先进的地质工程技术，如水平井、多级压裂等，可以更好地开发油气储层，提高产量。对于煤矿等固体能源，采用高效的采煤设备和技术，能够提高采煤效率，降低开采成本。

通过技术创新，我们不仅可以提高能源的开采效率，还能降低对环境的影响。例如，引入清洁能源的技术，如地热能、太阳能等，可以实现对非常规能源的开发，减少对传统能源的依赖，进而推动绿色能源的发展。

3.减少矿产资源浪费

新技术的引入在减少对矿产资源的浪费方面发挥着至关重要的作用。通过采用更为精准的勘查和开采技术，我们可以最大限度地提高矿石的回收率，从而减缓矿产资源的枯竭速度，实现对地球资源的可持续利用。

先进的勘查技术是减少矿产资源浪费的关键。遥感技术、地球物理勘查、卫星导航等新兴技术的广泛应用，使得我们对矿产资源的勘查更为精准和全面。这些技术不仅可以发现新的矿床，还能够准确评估矿床的规模和含量。通过全面了解矿床的地质情况，我们可以科学规划开采方案，避免盲目开采导致的浪费。

精准的开采技术是减少矿产资源浪费的重要手段。随着科技的发展，矿业工程领域涌现出一系列高效、环保的开采技术。例如，智能矿山技术、精准爆破技术等，其可以精确控制爆破范围，减少矿石的碎片化程度，提高回收率。同时，先进的采矿设备和自动化技术也能够提高采矿效率，减少资源在开采过程中的浪费。

在矿产资源的利用过程中，循环经济理念的引入也是减少浪费的关键。通过回收再利用废弃的矿石、矿渣等副产品，我们可以最大限度地减少资源的浪费。绿色矿山和矿山生态修复等概念的提出，也使得矿山开采和废弃后的土地得到更好的综合利用，降低资源的浪费。

### （二）环境保护的需求

1.减少地下水和土壤污染风险

地质工程技术的创新必须更加注重降低对环境的影响，特别是对地下水和土壤的污染风险。在新技术引入的过程中，我们应当致力于减少工程活动对地下水和土壤所带来的负面影响，以环保手段实现可持续开发的目标。

先进的地下水监测技术是减少地下水污染风险的重要手段。通过引入实时监测系统、传感器技术等先进工具，我们能够对地下水的水质进行高效监测。及时发现地下水中的污染物浓度异常，有助于采取及早的防控措施，减缓污染扩散速度，最大程度地保护地下水资源。

精准的地质勘查技术有助于预测土壤污染的潜在风险。通过遥感技术、GIS等手段，我们可以全面了解土地的地质特征和土壤性质。这有助于科学规划土地利用，避免在容易受到污染的区域进行开发，减少土壤污染的可能性。

绿色工程理念的引入是减少环境影响的关键。绿色工程通过选择环保材料、采用生态恢复技术、推行循环经济等手段，可以减少地下水和土壤污染的风险。例如，在基坑工程中采用环保防渗材料、进行污水处理再利用等绿色工程实践，有助于最大限度地降低对地下水和土壤的不良影响。

科学规划和合理管理是减少污染风险的基础。在地质工程项目的规划和实施中，我们应当严格遵循环评制度，采取科学的环境影响评价，通过合理的工程设计和实施方案来减少对地下水和土壤的污染风险。

2.建立环境友好型工程标准

创新的地质工程技术必须遵循更为严格的环境保护标准，以确保工程实施对周围生态系统和环境的最小化影响。在这一背景下，建立环境友好型工程标准成为新技术在地质工程中广泛应用的不可或缺的前提。

首先，环境友好型工程标准应当明确定义可持续发展的原则。这包括在地质工程实施过程中，充分考虑生态平衡、资源保护、社会责任等方面的因素。标准的制定需要紧密结合地质工程实践，确保新技术的应用符合生态系统的可持续性原则，不会对环境造成不可逆转的损害。

其次，标准的建立需要综合考虑各类环境影响因素。地质工程的实施可能对土壤、水体、空气等多个方面产生影响，因此，环境友好型工程标准应当全面考虑这些因素。这包括对地下水和土壤污染、生态系统破坏等潜在风险进行评估，确保新技术的应用在各个方面都能够达到环保的标准。

第三，标准应当注重技术创新与环保的平衡。在制定环境友好型工程标准时，我们需要充分尊重技术创新的动力，鼓励更加环保的技术应用。这需要在标准中对新技术的优势进行明确，同时设定技术创新的激励机制，推动地质工程领域向更环保的方向发展。

另外，建立环境友好型工程标准需要借鉴国际经验，与国际标准接轨。这有助于形成具有国际竞争力的地质工程技术标准体系，推动我国地质工程领域在全球范围内的可持续发展。

3.推动绿色矿山开发

在矿山工程领域，技术创新可以为推动绿色矿山的开发提供关键支持。通过采用更为环保的矿石提取和处理方法，我们可以有效减少对水质、土壤的污染，同时降低对生态系统的破坏，实现可持续的矿山开发。

首先，绿色矿山开发需要采用先进的矿石提取技术。新技术的引入可以使矿石的开采更为高效，减少对地表覆盖的破坏。例如，高精度的遥感技术和地理信息系统（GIS）的运用可以提供详细的地质信息，有助于精准定位矿脉，减少无效的开采，最大限度地减小对自然环境的干扰。

其次，绿色矿山开发需要关注矿石处理过程中的环保问题。采用环保型的矿石处理方法，如湿法处理、生物提取等，可以有效减少化学物质的排放，降低对水质的不良影响。此外，循环利用废弃物和尾矿也是推动绿色矿山开发的关键步骤，有助于减少资源浪费和环境负担。

绿色矿山开发还需要在生态恢复方面进行创新。通过引入生态工程技术，如植被恢复、土壤修复等，我们可以有效减轻矿山开发对生态系统的冲击，帮助矿山地区实现由开发到生态复育的平稳过渡。生态工程不仅有助于改善矿区的生态环境，还为当地社区提供了更好的生活条件。

### （三）可持续发展理念的推动

#### 1.注重长期影响评估

可持续发展理念的推动要求新技术在广泛应用之前充分考虑其对未来的影响，这一原则在地质工程领域显得尤为重要。为确保创新技术的可持续性，我们必须进行长期影响评估，以防止其在使用过程中可能引发的资源枯竭、环境破坏等问题。

首先，对创新技术进行长期影响评估有助于识别和解决潜在的资源枯竭问题。地质工程技术的创新可能涉及矿产资源的开发或能源的利用，而这些资源的过度开采可能导致其耗竭。通过对技术的长期影响进行评估，我们可以更好地规划资源的合理利用，避免出现短期内高效但长期不可持续的开发模式。

其次，长期影响评估还有助于预防环境破坏。新技术的引入可能在短期内带来经济效益，但可能伴随着对生态系统的潜在破坏。通过深入研究技术的生态影响，我们可以采取有效的措施减轻或避免对自然环境的不良影响，确保工程实施不会在长时间内损害生态平衡。

另外，长期影响评估也有助于发现技术可能带来的社会问题。在技术创新中可能伴随着新的社会变革，而这些变革可能对社会结构、文化习惯等产生深远的影响。通过对社会层面的长期影响进行评估，我们可以更好地预测可能的社会风险，并在实施过程中采取措施加以引导和调整。

#### 2.提倡循环经济理念

地质工程技术创新应积极响应并与循环经济理念相互融合，以实现资源的可持续利用、最大限度减少对新资源的需求，并降低对自然环境的侵害，从而推动地质工程的可持续发展。

首先，与循环经济理念相结合，地质工程技术创新应致力于资源的回收和再利用。传统的资源开采和利用模式往往导致大量资源的单向消耗，而创新技术的引入可以使得原本被废弃的资源得以再生利用。例如，在矿山工程中，通过先进的技术手段对废弃矿石进行再处理，提取其中有价值的元素，实现资源的循环利用，从而减少了对新资源的开采需求。

其次，地质工程技术的创新还应关注废弃物的处理和再利用。传统的工程项目常常产生大量废弃物，而这些废弃物的处理往往对环境造成不可逆转的影响。通过创新技术，我们可以采用环保的废弃物处理方式，如采用环保型材料替代传统建筑材料，减少废弃物对环境的负面影响，实现废弃物的再循环利用。

此外，技术创新还能促使地质工程过程中的能源效益提升，进一步降低环境负担。例如，在勘探和开采阶段引入更高效的能源利用技术，采用清洁能源替代传统能源，有助于减少温室气体排放，提高地质工程的环境可持续性。

3.社会责任感

地质工程技术创新的推进需要具备更强的社会责任感，以确保其在实际应用中不仅能够满足技术和经济需求，同时也能够最大限度地减少对社会和环境的负面影响。在这一背景下，秉持社会责任感成为地质工程技术创新的核心原则。

首要的是在项目实施前进行广泛的公众参与。这包括积极向社会公众、相关利益方和专业领域的从业者介绍项目的背景、目的、技术细节等信息。通过开展公众听证会、座谈会等形式，允许社会各界提出意见和建议，从而实现多元意见的收集。这种开放性的参与机制有助于建立项目的透明度，增进社会对地质工程技术创新项目的了解，确保决策的科学性和民主性。

其次，形成共识是社会责任感的具体体现。在公众参与的基础上，与社会各界形成共识，即通过对技术选择、工程实施等方面的广泛讨论和沟通，达成一致的看法和意见。这种基于共识的决策过程有助于减少冲突，提高地质工程技术创新项目的社会接受度，确保项目的可持续性。

社会责任感还包括对可能产生的负面影响进行预测和防范。在项目规划和实施过程中，地质工程技术创新者应当充分考虑可能引发的社会、经济和环境问题，并通过采取科学有效的措施来减轻潜在的负面影响。这可能包括对环境风险的评估、采用最佳可行技术和最佳环境实践等方面的措施，确保技术创新的实施过程中将对社会和环境的影响降到最低。

# 二、地质工程技术与可持续城市建设

## （一）科学规划城市地下空间利用

1.地下水资源可持续管理

地质工程技术在城市规划中发挥着关键作用，将科学规划城市地下空间的利用，有助于避免对地下水资源的过度开采，从而实现地下水资源的可持续管理。城市规划涉及建筑物、基础设施和自然环境的合理布局，通过技术手段维护地下水位，确保城市水资源的可持续性。

首先，科学规划城市地下空间的利用是地质工程技术在可持续地下水资源管理中的重要方面。通过全面了解地下水位、水质和水流动方向等地质信息，规划者可以制定科学合理的城市发展方案。这包括合理安排建筑物和基础设施的位置，以最大程度地减少对地下水环境的干扰，防止过度开采，维护地下水资源的稳定。

其次，城市规划中的地下水位监测和管理是地质工程技术实现可持续地下水资源管理的有效手段。通过建立监测系统，实时监测地下水位的变化，规划者可以及时调整城市的发展策略。利用地下水位监测数据，规划者可以判断是否存在地下水位下降的趋势，从而采取措施进行调整，以确保地下水资源的可持续利用。

另外，地质工程技术在城市规划中的应用还包括对地下水流动的数值模拟和预测。通过数值模拟，规划者可以模拟不同城市发展方案对地下水流动的影响，评估可能的地下水位变化趋势。这种模拟可以为规划者提供科学依据，使其在城市规划中更好地考虑地下水资源的可持续性。

2. 设立地下水补给区

在城市规划中，设立地下水补给区是一项重要的措施，旨在通过地质工程技术维护地下水系统的平衡。这一措施的合理划定和保护对于防止过度开发对水资源的不良影响至关重要。

首先，地下水补给区的设立需要依托地质工程技术对地下水系统进行深入的勘查和分析。通过对地下水位、水质、水流动方向等关键地质信息的全面了解，规划者可以确定合适的地下水补给区域。这些区域通常具有良好的水质和较高的水位，是城市地下水资源的重要来源。

其次，合理划定地下水补给区的范围是地质工程技术在城市规划中的核心任务之一。划定补给区的过程需要考虑地质结构、水文地质条件、降水量等多方面因素，确保所选定的区域能够稳定供给清洁、丰富的地下水资源。同时，规划者需要充分考虑城市发展的需求，确保补给区的划定既能满足城市用水需求，又能保护水资源的可持续性。

第三，设立地下水补给区的目标之一是通过规划和管理，防止过度开发对水资源造成负面影响。地质工程技术可以通过引入监测系统，实时监测补给区的地下水位和水质，以确保不发生不可逆的水资源损害。合理的管理措施可以包括限制开采量、推行水资源循环利用等，以实现城市用水的可持续发展。

最后，地下水补给区的设立需要与相关法规和标准相一致，确保其科学性和合法性。地质工程技术可通过对地下水系统的综合分析，为相关法规的制定提供科学依据，促使城市规划与水资源管理的协调发展。

3. 科学配置建筑和基础设施

通过应用新兴技术，例如地理信息系统（GIS）和遥感技术，我们能够更精确地了解地下水资源的分布和动态变化。这样的信息不仅为科学配置城市中的建筑和基础设施提供了可靠的数据支持，还有助于避免对水资源的过度依赖和损耗，具有重要的学术和实践价值。

首先，地理信息系统（GIS）是一种基于地理空间数据的信息系统，可用于管理、分析和可视化地下水资源的相关信息。通过GIS技术，我们能够获取城市地下水资源的分布情况、水质状况及地下水位的变化趋势等数据。这使规划者和决策者能够更全面、准确地了解城市水资源的现状，为科学配置建筑和基础设施提供科学依据。

其次，遥感技术的应用进一步加强了对地下水资源的监测和分析。通过遥感卫星获取的高分辨率影像，我们能够观察城市地表的覆盖情况、植被状况及土地利用的变化。这些信息有助于推断地下水的补给源和流动路径，为合理配置城市建筑和基础设施提供了更为详细的空间数据。

科学配置建筑和基础设施意味着可以根据城市地下水资源的实际情况，有针对性地选择建筑物的布局、基础设施的建设位置及水资源利用的方式。例如，在水资源充足的地区，可以适度增加公园、湿地等绿化区域，提高城市的自然水文效应；而在水资源稀缺的地区，则需要更加注重节水型建筑和智能供水系统的推广。

### （二）降低地质灾害风险

**1.新兴技术在地质灾害评估中的应用**

地质工程技术的创新为地质灾害评估带来了全新的可能性，尤其是通过新兴技术的应用，如激光扫描和地质雷达等，使得对地质灾害风险的评估变得更加准确和全面。这些技术的发展为城市规划提供了强有力的工具，能够提前识别潜在的地质灾害隐患，并采取科学合理的防范措施，具有重要的学术和实践价值。

首先，激光扫描技术在地质灾害评估中的应用为获取高精度的地形和地貌数据提供了可能。激光扫描通过激光束的高频率扫描，能够生成地表三维模型，揭示地形的微小变化。这种高精度的地形数据为地质灾害的潜在风险提供了详细的空间信息，包括山体滑坡、地面沉降等问题。通过对这些数据的分析，规划者可以更准确地评估地质灾害的潜在危险性。

其次，地质雷达技术也在地质灾害评估中发挥了重要作用。地质雷达能够穿透地下覆盖层，获取地下岩土体的信息，包括土层的密度、含水量等。这些数据对于地质灾害的成因分析和风险评估提供了关键的参考。尤其是在地质灾害多发的地区，通过地质雷达技术，我们能够更全面地了解地下结构，帮助规划者更好地制定防灾措施。

新兴技术在地质灾害评估中的应用不仅仅局限于数据获取，还包括数据处理和分析。人工智能、机器学习等先进技术的引入使得大量的地质数据可以被高效地处理和解读。通过对历史地质灾害事件的数据分析，这些技术可以识别出潜在的危险区域和可能发生地质灾害的规律，为规划者提供更科学的决策支持。

**2.规划防灾设施**

地质工程技术在城市规划中发挥着关键作用，通过科学规划防灾设施，有效减轻地质灾害对城市的危害，提高城市的抗灾能力，确保城市建设的安全性。这涉及对多种地质灾害的防范和治理，其中包括但不限于防滑坡、防泥石流等设施的合理布局和建设。

首先，对于城市中容易发生的地质灾害，比如山体滑坡，地质工程技术通过对潜在滑坡区域的详细勘查和分析，可以提前识别潜在风险，并规划建设相应的防滑坡设施。这些设施包括但不限于支护结构、植被覆盖、土壤改良等，能够有效减轻滑坡可能带来的损害。

其次，对于容易发生泥石流的地区，科学规划防泥石流设施至关重要。这可能包括拦挡坝、排石坝等工程结构，用于阻止泥石流的流动，减缓泥石流速度，降低对下游区域的影响。此外，通过植被覆盖和水土保持措施，我们也可以有效减少地表径流，减缓土壤侵蚀，从而降低泥石流的发生概率。

在城市规划中，科学合理地配置防灾设施需要考虑地质特征、气象条件、地形地貌等多方面因素。利用地理信息系统（GIS）等技术，对城市区域进行全面的地质灾害风险评估，可以为防灾设施的规划提供科学依据。同时，采用先进的监测技术，如遥感技术和传感器网络，对地质灾害的动态变化进行实时监测，有助于及时调整和更新防灾设施的规划。

### （三）可持续城市建设的综合考量

#### 1.经济、社会和环境的平衡

地质工程技术在城市建设中的应用必须综合考虑经济、社会和环境三个方面的因素，以实现可持续发展。通过新兴技术的应用，我们可以全面考量城市建设的各个方面，确保经济的发展同时不会对环境造成负面影响，更好地服务社会的需求。

首先，在经济方面，地质工程技术的创新可以提高工程建设的效率和质量，降低建设成本。例如，通过引入遥感技术、地理信息系统（GIS）等先进技术，我们可以更精确地勘查地下资源，避免无效开发，提高资源利用效率，从而促进城市经济的可持续增长。

其次，在社会方面，地质工程技术的应用需要关注居民的生活品质和城市的社会可持续性。科学规划城市布局，合理配置建筑和基础设施，可以提供更好的居住环境，增加城市的宜居性。同时，考虑到社会多样性，地质工程技术的创新也应当充分考虑不同社会群体的需求，实现城市建设的包容性和社会公平。

最重要的是，在环境方面，地质工程技术必须以环保为前提，减少对自然环境的影响。通过采用绿色建筑、低碳技术等可持续发展的手段，我们可以减缓城市对自然资源的消耗，降低污染排放，实现城市和自然环境的和谐共生。

为了达到经济、社会和环境的平衡，我们需要建立科学合理的城市规划和管理体系。这包括对城市的长期规划，结合地质工程技术的应用，实现城市建设的可持续性。同时，加强对新兴技术的研发和推广，提高地质工程技术在城市建设中的应用水平，不断促进城市的全面发展。

#### 2.多元利用水资源

在城市规划中，地质工程技术具有推动水资源多元利用的关键作用。科学合理地配置水资源，采用一系列先进的技术手段，如雨水收集和污水处理再利用等，可以最大程度地实现水资源的多元利用，降低对地下水的过度依赖，从而实现水资源的可持续管理。

首先，雨水收集是一种有效的水资源多元利用方式。在城市建筑物、道路和绿化带等区域设置雨水收集系统,可以将雨水储存并用于灌溉、景观水体补给等用途。这种方式不仅可以减轻雨季的排水压力,还能够有效地利用天然降水资源,实现雨水的再生利用。

其次,污水处理再利用是另一重要的水资源多元利用手段。地质工程技术可以帮助设计和建设先进的污水处理系统,将生活污水、工业废水等经过处理后再利用于农田灌溉、工业生产等领域。这不仅减少了对淡水资源的需求,还有助于减轻对环境的污染压力,提高水资源的综合利用效率。

通过地质工程技术的创新,我们可以更准确地评估城市地下水位、水质等参数,为水资源的科学配置提供支持。地下水资源的科学管理和开发可以通过合理规划井点、提高水井效率等手段,使得地下水资源能够更好地满足城市用水需求。

3. 生态保护和城市发展的协调

在地质工程技术创新中,确保城市建设与生态环境协调发展是一项至关重要的任务。通过科学规划和环保技术的引入,我们可以在城市建设中实现可持续发展的目标,促进经济、社会和环境的协调发展。

首先,科学规划是实现城市发展与生态保护协调的基础。通过引入先进的地质工程技术,包括地下水位监测、土壤质量评估等,我们可以全面了解城市地下水资源和土壤的状况。在城市规划中,科学规划可以确定合理的用地布局、建筑密度和绿化带设置,确保城市的发展不会对生态系统造成不可逆的损害。

其次,环保技术的引入是协调城市发展与生态保护的重要手段。地质工程技术的创新可以推动环保技术在城市建设中的广泛应用,例如水处理技术、废物处理技术等。通过建立高效的废水处理系统、垃圾分类处理系统等,我们可以最大限度地减少对水资源和土地的污染,确保城市的可持续发展。

另外,注重生态系统的保护和恢复也是协调城市发展的重要方面。通过引入地质工程技术,我们可以科学规划城市绿化带、湿地保护区等,为城市提供自然的生态服务。这不仅有助于改善城市环境质量,还有助于维护城市的生态平衡。

# 第七章　地球科学与可持续发展教育

## 第一节　地质科普与公众环保意识培养

### 一、地质科普的目标与方法

#### （一）地质科普的目标

1.提高公众地质科学认知水平

（1）科学讲座的设计与实施

为达到提高公众地质科学认知水平的目标，科学讲座应当设计得既生动有趣又具有专业深度。引入生动案例、图表、实地调查等元素，以便观众更容易理解地质概念。专业讲解者应以通俗易懂的语言解释复杂的地质原理，使听众从容理解并建立地质知识框架。

（2）展览的设计与展示

通过地质科普展览，公众可以以视觉和互动的方式更直观地了解地球的演变和自然资源的形成。展览设计应注重观众体验，采用交互式展品、虚拟现实技术等手段，让观众参与其中，深刻感受地质科学的魅力。同时，展览应当涵盖地球历史、矿产资源、地质灾害等多个方面，使公众对地质科学有一个全面而深入的了解。

2.培养环保意识

（1）环保意识的强化

地质科普的另一目标是培养公众的环保意识。在科普活动中，我们可以通过突出地球资源的有限性、环境变化对生态平衡的影响等方面，引起公众对环保问题的深思。借助案例分享、数据展示等方式，呼吁公众珍惜和保护地球资源，鼓励他们从个体行为做起，迈向更环保的生活方式。

（2）参与式活动的策划

通过组织公众参与式活动，如环保志愿服务、生态恢复行动等，将环保理念融入实际行动中。科普活动可以联动社区、学校等机构，共同策划和开展地质科学与环保相关的实践项目，从而使环保观念深入人心，促使公众更积极地投身于可持续发展的行列。

### （二）科普方法

1.传统线下宣传

（1）地质讲座的设计与实施

传统线下宣传的主要形式之一是地质讲座。在设计讲座时，我们需要根据受众的认知水平和兴趣，选择恰当的主题，并由专业讲解者以生动的语言和图示进行讲解，通过案例分析、实地考察的插图，让观众更好地理解地质科学的核心概念。

（2）实地考察的策划与组织

实地考察是一种能够深入人心的传统科普方式。通过组织公众参与实地考察，我们可以让他们亲身体验地质现象，增强对地质知识的直观感受。这可以包括参观地质公园、矿山、地质灾害现场等，使公众更深入地了解地球演变和地质现象。

（3）展览的设计与搭建

地质科普展览是传统线下宣传的重要形式之一。在展览的设计上，我们需要通过精心制作的展品、实物模型等展示手段，将抽象的地质概念呈现得更加直观，此外，通过展览的互动设计，让参观者积极参与，提高他们对地质科学的兴趣和理解。

2.新媒体手段

（1）互联网平台的建设与运营

利用互联网平台进行科普是现代科学传播的重要手段。建设专业的地质科普网站，定期更新科普文章、视频，并结合图文资料，为公众提供全面的地质知识。同时，通过社交媒体平台的运营，开展线上讲座、答疑互动，拉近科学家与公众的距离。

（2）在线平台的互动性科普活动

新媒体手段的优势之一在于互动性。通过在线平台，我们可以开展互动性科普活动，如在线答题、直播解说等。这样的活动能够更好地引导公众参与，让他们在参与的过程中更深入地了解地质知识，并能及时获得问题的解答。

（3）利用社交媒体平台进行传播

社交媒体平台是信息传播的重要阵地。在微博、微信、知乎等平台上发布地质科普内容，借助平台的社交机制，形成信息传播的网络效应。同时，结合热门事件和话题，增加内容的时效性，吸引更多关注地质科学的用户。

## 二、公众地质知识与环保意识的普及

### （一）正确建立地质知识体系

1.复杂性和脆弱性的强调

科普活动的核心目标之一是强调地球系统的复杂性和脆弱性，以唤起公众对于地球这个相互关联、脆弱而复杂的生态系统的深刻认识。地球并非孤立的实体，而是由多个互相作用的层面组成，包括大气圈、水圈、岩石圈和生物圈等。这些层面之间形成复杂的相互关系，地球系统的稳定性取决于这些因素的微妙平衡。

首先，复杂性体现在地球系统的多层次互动中。例如，大气圈和水圈的相互作用直接关系到气候和天气的形成，而岩石圈的构造和变动又会对地表地貌和资源分布产生深远的影响。这种多层次的互动形成了地球系统内在的复杂性，使得科学家们需要综合考虑各种因素，才能更全面地理解地球的运行机制。

其次，地球系统的复杂性还表现在其自调节和自恢复的能力上。尽管地球面临着各种自然和人为的压力，但其内在的自我调整机制使得系统能够在一定程度上维持相对的平衡。例如，生物圈通过植物的光合作用吸收二氧化碳，起到调节大气中温室气体的作用。这种自我调整的能力使得地球系统具有一定的稳定性，但也同时揭示了任何对这个系统过度干扰的风险。

最后，地球系统的脆弱性是科普活动需要着重强调的另一个方面。尽管地球拥有自我调整的机制，但一旦某一方面的平衡被打破，整个系统可能会变得极为脆弱。例如，气候变化、生物多样性的丧失和环境污染等问题都直接威胁着地球系统的稳定性。这些问题的产生与人类活动密切相关，因此，公众应当深刻认识到自身行为对地球系统的影响，并采取积极的环保措施。

2.有限资源的认知

案例分析是科普活动中强调资源有限性的有效手段之一。通过具体而生动的事例，科普活动可以向公众传递自然资源的有限性知识，引导人们认识到珍惜和保护地球资源的重要性。一个典型的案例是水资源的有限性。

首先，以世界上一些地区的淡水短缺问题为例，如中东地区。中东地区由于气候干燥，淡水资源相对匮乏，且大部分水源被用于农业灌溉和人类生活，导致淡水短缺严重。这种情况不仅对当地居民的生活造成了困扰，还引发了地缘政治问题。这样的案例突显了水资源的有限性，警示人们要审慎使用水资源，防止浪费和过度开发。

其次，考虑到全球范围内的能源资源问题。以石油为例，作为一种不可再生的能源，其开采和消耗速度大大超过其形成速度。过度开采同时也对环境产生了严重的影响，如油污、温室气体排放等。通过案例展示石油资源的有限性，我们可以引导公众转变能源消费观念，促使其对可再生能源的更多关注与支持。

另外，通过对全球森林资源的案例分析，我们可以揭示森林资源有限性对生态平衡和气候调节的影响。大面积的森林砍伐导致生态系统失衡，增加了土地的干旱和沙漠化风险。案例中呈现的森林减少、生态系统崩溃的现象，直观地展示了人类过度开发对自然资源的影响，引起人们对可持续林业和森林保护的深刻思考。

（二）地质灾害的教育与环保行动

1.灾害危害的深入分析

地质灾害作为自然灾害中的一类，具有广泛而深远的危害，科普活动通过详细的案例分析，深入浅出地向公众介绍地质灾害的危害。以地震为例，科普可以通过深入解析地震的发生机制、影响范围及可能引发的次生灾害，让公众更全面地了解地震可能带来的破坏性影响。同时，通过对历史上著名地震事例的追溯，科普活动向公众展示地质灾害的长期影响，强调其对社会经济、生态环境的重大威胁。

此外，对于地质灾害中的山体滑坡、泥石流等事件，科普活动也可通过具体案例进行深入分析。通过解析滑坡的形成原因、滑坡过程中可能造成的破坏，以及有效的防范措施，科普活动向公众传递科学的防范理念。这样的分析不仅可以提高公众对地质灾害的认知水平，同时也有助于引导社会对于防范措施的关注和支持。

2. 环保行动的引导

在向公众深入分析地质灾害危害的基础上，科普活动应当着重引导公众采取积极的环保行动。通过强调个体和群体在防范灾害方面的责任，科普活动可以激发公众的环保意识。例如，在地震防范方面，科普活动可以教育公众如何建立安全意识，参与地震演练，确保在地震发生时有正确的逃生反应。此外，对于地质灾害多发地区的居民，科普活动还可以传递关于早期预警系统的使用方法，提高他们在危险情况下的应对能力。

科普活动还应当引导公众积极参与生态环境的保护。通过深入解释地质灾害与环境破坏之间的关系，科普可以呼吁公众关注自身所在区域的生态平衡，参与植树造林、水土保持等生态环境保护行动。这种引导不仅有助于减缓地质灾害的发生频率，同时也推动了可持续发展理念在社会中的传播与实践。

### （三）地质科普与社区合作

1. 社区科普活动

地质科普与社区合作是构建社会可持续发展的重要一环。社区科普活动作为连接地质知识和公众的桥梁，通过多样化的形式，例如社区讲座、义务活动等，将专业的地质知识融入社区实践。举办地质科普讲座，专业地向社区居民介绍地球的演变过程、自然资源的形成与分布等基本概念，让公众能够更深入地理解地质科学的重要性。同时，组织义务活动，如地质探险、石头收集等，让社区居民亲身体验地质科学的魅力，增强他们对地质的兴趣和参与度。

社区科普活动还有助于增强公众的环保责任感。通过地质科普活动，居民能够更全面地认识到地球资源的有限性，以及地质灾害对社区的潜在威胁。在社区合作中，科普活动可以针对社区的地质特点，定制相应的内容，增强社区居民对环保的紧迫感和主动性。例如，对于地震多发区，可以组织模拟地震逃生演练，增强社区居民的防范意识。

2. 实际应用性的强调

地质科普活动的成功关键之一是强调地质知识的实际应用性。科普活动不仅要传递理论知识，还要引导公众将所学知识运用到实际生活和环保实践中。通过强调地质知识在资源管理、环境保护等方面的实际应用，科普活动能够使公众更好地理解知识的实用性，并促使其在实际生活中采取环保行动。

举例来说，通过介绍地球内部结构和矿产资源的形成，科普活动可以引导公众了解矿产开采对地球环境的影响，并倡导矿产资源的可持续开发。同时，通过演示岩石的分类及其在建筑材料中的应用，科普活动可以加深公众对建筑可持续性的认识，鼓励选择环保的建筑材料。

在社区合作中，科普活动还可以推动实际的环保项目。例如，与社区合作开展地质勘测，评估地质灾害风险，为社区规划提供科学依据。通过这样的实践，公众不仅学到了地质知识，还直接参与了社区环保与安全的建设过程。

## 三、地质科普与社会可持续发展的关联

### （一）地球科学知识与可持续发展理念的融合

#### 1.可持续发展理念的普及

地球科学知识与可持续发展理念的融合通过地质科普活动，为公众普及可持续发展的理念提供了重要平台。科普活动不仅仅传递地质知识，更活动传达关于地球资源的有限性、环境保护、气候变化等方面的可持续发展理念。通过生动的案例、图表和实地展示，科普活动可以直观地向公众展示人类活动对地球的影响，强调资源消耗与环境污染对可持续发展目标的挑战。

在可持续发展理念的普及中，地质科普活动可以强调地球科学在可持续发展中的关键作用。例如，通过讲解地球系统的复杂性，科普活动可以引导公众意识到自然系统的平衡对于可持续发展的重要性。通过介绍地球资源的分布和利用状况，科普活动可以唤起公众对资源合理利用的关注，促使他们在日常生活中采取更加环保的行为。

#### 2.绿色发展的支持

地质科普活动为公众提供了更深刻理解绿色发展的机会，从而为社会经济的可持续发展提供支持。科普活动可以通过解释矿产资源的可持续开发、环境地质学的应用等方面，让公众理解到在发展过程中兼顾经济增长和环境保护的重要性。例如，通过介绍新型矿产资源的开发方式，科普活动可以启发公众对替代性资源的关注，推动更为可持续的矿产开发实践。

地质科普活动还可以帮助公众理解地质灾害与城市规划的关系。通过案例分析城市发展中地质灾害的影响，科普活动可以引导公众认识到合理规划和可持续城市发展的紧迫性。这样的理解有助于公众更加积极地支持绿色城市规划和建设，提升城市的可持续性。

在支持绿色发展方面，地质科普活动还可以通过介绍可再生能源的开发、地热能利用等方面的知识，激发公众对清洁能源的认知和支持。这不仅推动了可持续能源的发展，也促进了绿色技术的应用。

### （二）参与环境保护和资源管理

#### 1.主动参与环保

通过深入了解地球科学，公众能够更主动地参与环境保护和资源管理，从而推动社会朝着更加可持续的未来发展。地质科普活动不仅向公众传递地球科学知识，更强调知识的实际应用，使公众认识到他们在环保和资源管理中的潜在作用。通过深入了解地球的自然

系统、地质资源的形成和分布，公众能够更清晰地认识到人类活动对地球的影响，从而在个体层面更加注重环保。

深化公众对地球科学的认知可以激发环保行动的积极性。例如，了解到水资源的有限性和重要性后，公众可能更加节约用水，支持水资源的合理利用。通过对地质灾害的深入理解，公众可能更加注重居住环境的选择，减少在潜在灾害区域的居住，降低灾害风险。

地球科学知识的深入传播还能够引导公众参与社区环保项目。例如，通过了解当地地质特征，公众可以更好地参与生态恢复、防灾减灾等社区项目，提高社区的整体环保水平。

2. 可持续生活方式的形成

地质科普活动作为可持续发展教育的一部分，不仅提高了公众对地球科学的认知水平，更引导社会形成更加环保和可持续的生活方式。科普活动不仅仅是传递知识，更是呼唤公众在日常生活中转化这些知识，形成对可持续生活方式的认同和实践。

通过深入了解地球资源的有限性和生态系统的脆弱性知识，公众将更加理性地对待消费和生活方式。例如，通过科普活动，公众可以了解到某些资源的采集和使用对环境造成的破坏，因此可能更倾向于选择使用可再生能源、支持绿色产品等。科普活动还可以帮助公众更好地理解碳足迹、生态足迹等概念，引导他们在生活中采取更为环保的行为，如减少能源消耗、垃圾分类等。

可持续发展理念通过地质科普活动融入社会实践，引导公众在日常决策中考虑生态环境和资源的影响。例如，了解土壤侵蚀的危害后，公众可能更倾向于选择采用可持续农业方法，减少对土壤的破坏。通过科普活动，公众可以形成对环保和可持续生活方式的自觉选择，从而为未来的可持续发展奠定基础。

# 第二节　地球科学与可持续发展教育融合

## 一、地球科学课程与可持续发展教育的整合

### （一）地球科学课程的核心理念

1. 可持续发展学习目标的设立

地球科学课程的核心理念在于设立可持续发展的学习目标，旨在培养学生对地球系统的动态平衡、资源的有限性及环境的脆弱性有深刻的理解。这一目标的设立将地球科学与可持续发展理念有机结合，为培养学生具备环保和可持续发展意识的能力奠定基础。

首先，可持续发展学习目标的设立需要强调地球系统的动态平衡。通过地球科学的学习，学生将理解地球是一个相互联系、相互影响的复杂系统，其中各个组成部分相互作用维持着整个系统的平衡。培养学生对系统平衡的理解，有助于他们认识到人类活动可能对

这一平衡产生的影响，从而形成对可持续发展的责任心。

其次，学习目标还应突出资源的有限性。地球科学课程可以通过深入讲解地球内部构造、岩石循环等知识，引导学生认识到自然资源是有限的，并且受到人类开发利用的限制。这样的学习目标有助于学生形成珍惜资源、避免浪费的观念，为未来的可持续发展提供人才支持。

最后，学习目标还应关注环境的脆弱性。通过学习地质灾害、气候变化等知识，学生能够深刻理解人类活动可能对环境造成的负面影响。通过设立学习目标，地球科学课程旨在培养学生在面对环境脆弱性时能够思考并采取积极的环保行动。

2.案例分析与实践教学手段的应用

为了更好地实现可持续发展的学习目标，地球科学课程应引入案例分析和实践教学手段。这种教学方法有助于学生在具体案例中掌握地球科学知识的同时，深入了解可持续发展的内涵。

首先，案例分析的引入使学生能够从实际问题中理解抽象的地球科学理论。通过分析地质灾害案例，学生能够直观地感受到人类活动对自然环境可能带来的破坏，进而理解环境脆弱性的重要性。这样的案例分析有助于培养学生对于地球科学知识的实际应用能力，激发他们关注和解决环境问题的积极性。

其次，实践教学手段的应用能够让学生在实际操作中深化对地球科学的理解。通过实地考察、实验等方式，学生能够亲身体验地球科学的魅力，更深刻地理解地球系统的运行机制。在实践中培养学生对可持续发展的思考，使他们能够在未来的职业和生活中更好地应对环境挑战。

### （二）学科整合与跨学科教学

1.地球科学与社会科学的交叉

在地球科学课程中，将地球科学与社会科学相互融合，是一种促使学生全面理解可持续发展的策略。这种整合能够帮助学生更好地认识地球科学与社会的密切关系，从而培养跨学科思维和解决实际问题的能力。

首先，通过将地球科学与社会科学交叉，学生能够更深入地理解可持续发展的多层面内容。例如，通过学习地球科学的知识，学生可以了解到人类活动对自然环境的影响，而社会科学的角度则能够帮助学生理解这些影响对社会结构、经济发展和人类生活方式的深远影响。这样的交叉学科教学有助于打破学科之间的壁垒，使学生能够综合考虑问题，形成全面的认知。

其次，地球科学与社会科学的交叉能够使学生更好地理解科学知识在解决实际问题中的应用。通过案例研究和实地考察，学生能够结合地球科学和社会科学的知识，分析和解决真实世界中的问题，培养实际应用能力。这种融合性的学科整合有助于培养学生的创新精神和解决复杂问题的综合能力，为其未来的职业生涯奠定基础。

2.跨学科教学团队的建设

为了更好地实现学科整合，学校可以组建跨学科的教学团队，整合地球科学、环境科学、社会学等相关学科的专业知识。这样的教学团队能够提供更全面、多角度的教学内容，为学生提供更具深度和广度的知识体验。

首先，跨学科教学团队能够确保学科整合的深度。通过地球科学、环境科学和社会学等多个学科的专业视角，学生可以全面理解可持续发展的方方面面。例如，地球科学提供自然环境的角度，环境科学强调人类活动对环境的影响，而社会学关注人类社会与环境的互动。这样的整合有助于学生形成更为系统和全面的知识结构。

其次，跨学科教学团队能够提供更贴近实际的案例和项目。通过结合不同学科的专业知识，教学团队可以设计更具实际意义的案例研究和项目，使学生在实践中应用所学知识。例如，学生可以参与社会调查，分析环境政策的制定和实施，进而更好地理解可持续发展问题的复杂性。

## 二、地球科学实践在可持续发展教育中的应用

### （一）实践活动的设计与组织

在地球科学教育中，设计和组织实践活动是培养学生对可持续发展理念理解和应用的重要手段。通过实地考察和模拟操作等活动，学生能够在实践中深入学习地球科学知识，并将这些知识应用于解决实际问题，从而促进他们对可持续发展的深刻认识。

1.实地考察的重要性

实地考察是一种强调实际应用的教学方法，学生通过亲身参与、亲自观察地球科学现象，他们能更加深入地理解科学知识的实际运用和可持续发展的相关问题。在实地考察中，学生可以目睹地球环境的变化，感受自然系统的复杂性，同时了解人类活动对地球系统的直接和间接影响。

例如，可以组织学生前往不同地区进行考察，观察当地的地质构造、水文地质等情况，以及人类活动对自然环境的影响。通过这样的实地考察，学生不仅能够将理论知识与实际场景相结合，还能够培养他们的观察力和实地调研的能力。这样的实践活动有助于将地球科学与可持续发展理念融合，使学生更全面地认知自然环境与人类社会的关系。

2.实验与模拟操作的结合

实验和模拟操作是培养学生科学实践能力的有效手段。通过实验，学生能够在受控的环境中进行观察和实践，更好地理解地球科学的基本原理。结合模拟操作，可以使学生在模拟的环境中进行实际操作，进一步加深对地球科学概念的理解。

例如，在实验室中进行模拟地质灾害的实验，让学生亲自操纵模型进行模拟操作，观察不同因素对地质灾害的影响。通过这样的活动，学生可以深刻地理解地质灾害的成因和防范措施，同时培养他们的实验设计和数据分析能力。

### （二）环境问题解决能力的培养

培养学生解决环境问题的能力是可持续发展教育的核心目标之一。通过问题导向的实践和强调团队合作与社区互动，学生能够在实际操作中提升解决环境问题的能力，同时加深对可持续发展理念的理解和参与度。

1. 问题导向的实践活动

问题导向的实践活动是一种强调学生自主思考和解决问题的教学方法。在地球科学课程中，我们可以通过组织学生参与问题导向的实践活动，培养他们解决环境问题的能力。例如，学生可以选择当地的环境问题，如水资源利用、空气质量等，展开调查和研究，并提出可持续发展的解决方案。

通过这样的实践活动，学生将直面真实的环境问题，从而激发他们对可持续发展的兴趣和责任感。同时，问题导向的实践培养了学生的独立思考和创新能力，使其具备更好的解决问题的能力。这样的活动还有助于将地球科学知识与实际问题相结合，使学生在解决问题的过程中更好地理解科学知识的应用价值。

2. 团队合作与社区互动

团队合作与社区互动是培养学生解决环境问题能力的重要手段。在团队合作中，学生能够共同探讨问题、集思广益，发挥各自优势，形成更具创造性和实用性的解决方案。同时，通过与社区的互动，学生能够更好地了解社区的需求和实际情况，使解决方案更贴近社会实际。

例如，可以组织学生分成小组，共同研究解决一个特定的环境问题，从地球科学、社会学等多个角度进行分析。通过与社区居民、专业人士的互动，获取更全面的信息和反馈，进一步完善解决方案。这样的团队合作和社区互动不仅培养了学生的协作精神，也使他们更好地理解可持续发展的综合性和实际操作性。

## 三、学校与社会资源在地球科学教育中的协同

### （一）学校与社会资源合作机制

学校与社会资源的合作是推动可持续发展教育的关键一环。通过建立与地方政府、企业和研究机构的合作机制，学校能够更好地融入社会资源，提供更丰富的教育内容，促使地球科学课程更好地服务可持续发展的目标。

1. 地方政府与学校的合作

建立学校与地方政府的合作机制是实现可持续发展教育与地球科学课程对接的关键步骤。地方政府作为政策制定者和执行者，在可持续发展方面有着丰富的资源和经验。通过与地方政府建立合作关系，学校可以更好地了解当地的可持续发展政策和需求，将这些信息融入地球科学课程中。

合作的形式可以包括政府提供资源支持，例如经费、场地等，以支持学校开展可持续发展教育活动。政府还可以为学校提供政策指导，使地球科学课程更贴合当地的可持续发

展实践。同时，学校可以通过举办研讨会、与政府官员的定期沟通等方式，促使政府更深入地了解学校的需求和挑战，形成双向的合作机制。

2.企业与研究机构的参与

除了与政府的合作，学校还可以积极与企业和研究机构建立合作关系。企业通常拥有先进的科技和实践经验，而研究机构则在学术研究方面具有专业性。通过邀请企业和研究机构的专业人士参与地球科学教育，学校能够为学生提供更实际、更前沿的知识。

合作的形式可以包括邀请企业专业人士举办讲座、实地考察，与研究机构开展合作研究项目等。这样的合作不仅可以为学生提供实践机会，还可以使地球科学课程更具有实际应用性。与企业的合作还可能为学生提供实习和就业机会，促使学校与社会资源更加紧密地结合，服务社会的可持续发展需求。

### （二）社会资源的开发与利用

社会资源的充分开发与利用对于地球科学课程与可持续发展教育的有效融合至关重要。通过提供实践机会和开发丰富的社会资源，学校能够更好地满足学生对可持续发展知识的需求，培养具备实际操作能力的人才。

1.社会实践机会的提供

社会实践机会的提供是将学生置身于可持续发展实践中的关键一环。学校可以与地方社区合作，组织学生参与各种环保活动、社会实践项目等，使他们能够亲身感受并参与到解决实际问题的过程中。通过参与社会实践，学生不仅能够将理论知识应用于实际情境中，还能够培养团队协作、问题解决的能力，为将来成为可持续发展的推动者奠定基础。

这种合作可以包括学校与社区组织的对话，共同设计并实施环保活动，例如植树、清理河道等。通过与社区合作，学校能够更好地了解社区的需求，根据实际情况调整地球科学课程，使之更加切实贴合社会的可持续发展实践。

2.社会资源的开发

学校可通过积极开发社会资源，例如地方文献、数据资料等，丰富地球科学教材，使其更符合当地实际情况。这样的开发有助于提高地球科学课程的实用性和地方性，使学生更好地理解当地的环境问题和可持续发展的需求。

社会资源的开发还包括建立与企业、研究机构的合作关系。通过与企业合作，学校可以获得更多实践机会，例如实地考察、实习项目等，帮助学生更好地理解实际应用。与研究机构的合作能够引入前沿的科研成果，为学生提供更深入的学术视野。

# 第三节　环境地质学知识在教育中的应用

## 一、环境地质学的基本概念与内容

### （一）基本概念的介绍

#### 1.地层学

地层学是环境地质学领域的基石，致力于研究地球表层的岩层分布、演变及地层的时空关系。在环境地质学的教育中，地层学的基本原理扮演着至关重要的角色。首先，学生需要理解不同岩石层的形成过程，包括岩石类型、沉积环境等方面的知识。这有助于他们更深入地理解地球表层的演变过程，为后续学习提供坚实的基础。

其次，地层学也关注地层之间的时空关系。学生需要学会利用地质剖面图、地层对比等工具，分析地层的叠置关系，推断地质历史的发展过程。这种能力对于环境地质学的实际应用至关重要，因为通过对地层的研究，我们可以更好地理解自然环境的演变，从而制定合理的环境管理和保护策略。

#### 2.水文地质学

水文地质学是环境地质学中一个重要的分支，主要研究地下水的分布、运移规律及对地表环境的影响因素。在教育中，强调水文地质学的基本概念对于学生全面理解水资源的管理和可持续利用至关重要。

首先，学生需要了解地下水在地下岩层中的分布情况。通过学习水文地质学，他们能够理解不同岩石对地下水的储存和释放过程，为地下水资源的合理开发提供科学依据。

其次，水文地质学关注地下水的运移规律。学生需要学会分析地下水的流动路径、速度等，以便更好地预测地下水的变化趋势。这对于预防地下水过度开采、防治地下水污染等具有实际意义。

最后，水文地质学也强调影响地下水的因素，如地层性质、地下水位、降雨量等。学生通过了解这些因素，能够更全面地认识地下水与环境的相互关系，为维护水资源的可持续利用提供理论支持。

### （二）内容要点

#### 1.岩石的形成

岩石是地球表层的基本构成单元，其形成过程和性质对地质环境产生深远影响。首先，我们需要深入讲解岩石的成因。岩石的形成主要包括火成岩、沉积岩和变质岩三大类型。火成岩是由地壳深部岩浆的冷却凝固形成的，沉积岩是在地表沉积过程中形成的，而变质岩则是在高温高压条件下对原有岩石的改造。通过详细介绍这些过程，学生可以理解地球演变中岩石的关键角色。

其次，对岩石的分类进行深入讨论。岩石可以根据其成因、组分和结构进行分类。了解这些分类方法有助于学生更系统地认识各种岩石的特征和成因。例如，火成岩可以分为玄武岩、花岗岩等，而沉积岩包括砾岩、页岩等。通过案例分析，学生可以更直观地理解各类岩石的特点。

最后，要强调岩石对环境的影响。不同类型的岩石对土壤形成、植被覆盖等方面产生不同的影响。例如，石灰岩地区的土壤通常较肥沃，而页岩地区则可能出现土壤侵蚀问题。通过实例分析，学生可以了解岩石对地表特征和生态环境的塑造作用。

2. 土壤形成

土壤是地球表层的一个重要组成部分，对植物生长和生态系统的健康发展具有至关重要的作用。首先，我们应该深入探讨土壤的形成过程。土壤形成是一个复杂的过程，包括物理、化学和生物等多种因素的相互作用。通过详细介绍这些过程，学生可以更全面地理解土壤的形成机制。

其次，我们要研究土壤的组成。土壤主要由矿质、有机质、水分、空气和微生物等组成。不同类型的土壤具有不同的成分比例，影响着土壤的肥力和透气性。通过实地考察和实验，学生可以亲身感受土壤的复杂性，理解土壤中各组分的重要性。

最后，强调土壤与生态系统的关系。土壤是植物生长的基础，也是生态系统中重要的养分储存和水分调节者。通过案例研究，学生可以了解不同土壤类型对植物分布和生态平衡的影响，进而认识到土壤在维护生态环境方面的重要性。

## 二、环境地质学知识在中小学与高校的教学实践

### （一）中小学阶段的教学实践

#### 1. 生动案例与实验

在中小学阶段的环境地质学教学实践中，生动有趣的案例和实验是提高学生学科兴趣和深度理解的关键手段。通过设计富有启发性的案例，教师可以引导学生深入思考地球科学在实际生活中的应用和意义。例如，教师可以通过展示某地区地质灾害的影响，如地震、泥石流等，让学生了解人类活动对环境的直接或潜在影响。这样的案例不仅使地质概念更加具体，还能够激发学生的兴趣，使其更主动地参与学科学习。

其次，实验在中小学阶段的环境地质学教学中同样具有重要地位。通过设计简单而富有趣味性的实验，如模拟地下水运动的实验，学生可以亲自动手操作，观察实验现象，从而更深入地理解地下水的运移规律。实验过程中，教师可以引导学生提出问题、进行探究，培养其独立思考和实验设计的能力。例如，学生可以通过改变地下水运动的条件，探讨其对环境的可能影响。这样的实践活动既强调了理论知识的实际应用，也培养了学生解决实际问题的能力。

这种案例和实验的教学手段不仅能够使学生更好地理解地质科学的概念，还培养了他们的观察、实验和解决问题的能力。通过在轻松的氛围中进行学科学习，学生更容易形成

对环境地质学的浓厚兴趣，并为未来更深入的学科研究奠定坚实基础。

2.实地考察

实地考察在中小学阶段地质学教育中扮演着至关重要的角色，这一环节可以将学科知识与实际场景相结合，激发学生的学科兴趣。首先，组织学生进行简单而富有启发性的实地考察，例如参观当地的地层展示点或者采集土壤样本等。通过亲身体验和观察，学生能够直观感受到地球表层的多样性，从而增强对地质学知识的直观认知。

其次，实地考察不仅仅局限于对地质学知识的观察，还应结合社会实际情况，引导学生思考人类活动对环境的影响。例如，在城市郊区进行实地考察时，学生可以观察到不同用地对土壤和水资源的影响，进而培养对环境问题的敏感性。通过这种方式，学生能够深入理解地质学在实际生活中的应用，同时培养对环境问题的关注和责任感。

中小学阶段的环境地质学教学实践应该注重通过多样化的手段，如生动案例、实验和实地考察等，使学生在实践中感受地球科学的魅力。这种亲身经历不仅能够激发学生对地质学的浓厚兴趣，还有助于他们更深刻地理解环境地质学的重要性。通过实地考察，学生能够在实际场景中应用所学知识，培养独立思考和问题解决的能力，为未来的学科研究和环境保护奠定坚实基础。这种教学方法旨在培养学生对科学实践的热爱和对地球科学的深刻理解，为他们未来的学业和职业发展提供有力支持。

### （二）高校阶段的深化教学

1.研究方法与前沿领域

在高校阶段的环境地质学教学中，我们应当注重引导学生深入了解研究方法和前沿领域，以培养其科研能力。首先，通过系统的文献阅读，学生可以了解到环境地质学领域内最新的研究成果和方法。通过分析学术文献，学生能够了解到科学家们在环境地质学领域的研究思路和实验技术。其次，通过实验设计，学生有机会将理论知识应用到实际操作中，培养他们的动手能力和科研实践经验。这一环节的设计可以涉及地质数据采集、实验设备运用等，使学生能够亲身体验科研的过程。

2.可持续发展研究

高校阶段的环境地质学教学，着眼于培养学生的科研能力，重要的一环是引导他们深入了解研究方法和前沿领域。首先，通过系统的文献阅读，学生能够获取关于环境地质学领域最新研究成果和方法的信息，深入分析学术文献使学生能够了解科学家们在环境地质学领域的研究思路、实验技术及理论框架的建构。这为学生提供了系统学习的途径，使其能够深入理解环境地质学的各个方面。

其次，通过实验设计，学生有机会将他们所学到的理论知识应用到实际操作中。这种实践活动能够培养学生的动手能力和科研实践经验。实验设计可以包括地质数据的采集、实验设备的运用等内容，让学生在实验中体验科研的全过程，从问题提出、实验设计到数据分析和结论提炼，逐步培养他们的科研思维和实际动手能力。

高校阶段的环境地质学教学应该强调理论与实践的结合，使学生不仅了解领域内的前沿理论，还能够通过实验和实地工作将这些理论应用到实际场景中。这样的教学方法有助于激发学生对科研工作的热情，培养他们成为具有创新精神的科学家。

## 三、地质科学教育对培养可持续发展人才的启示

### （一）环境责任心的培养

#### 1.对自然环境的敬畏心

地质科学教育在塑造学生对自然环境的敬畏心方面具有深远的影响。首先，通过深入学习地球科学，学生得以更全面地了解自然环境的复杂性和脆弱性。在教育过程中，通过引入生动的案例和实际观察，学生可以亲身感受自然环境的壮美与宏伟，从而激发他们对自然的敬畏之情。这样的学习体验有助于将抽象的地质概念与真实的自然景观相结合，为学生构建起对自然之美的深刻认识。

其次，通过系统学习地质过程和地球演变历史，学生能够理解自然资源的形成和演变过程，认识到这些资源并非不竭之泉，因此需要更加谨慎地对待和利用。在课程中，我们可以强调地球的有限性和资源的有限性，通过实例和数据展示地球演变的长时间尺度。这有助于在学生心中树立起对自然环境的珍视和保护意识，让他们认识到人类活动对自然环境的影响，从而激发责任心和可持续发展的理念。

通过这种方式，地质科学教育不仅仅传授地质知识，更重要的是在学生心灵深处培养起对自然环境的敬畏心。这种敬畏心将引导学生在未来的生活和工作中更加谨慎地对待自然资源，积极参与环境保护和可持续发展的实践中，为构建和谐人与自然的关系贡献力量。

#### 2.资源管理意识

地质科学教育的另一关键方面是培养学生的资源管理意识，使他们能够理智而可持续地利用地球资源。首先，通过深入的案例分析，学生可以更好地了解过去资源过度开采所导致的环境问题，从而认识到资源的有限性和脆弱性。这可以通过引导学生分析不同地区的资源分布和利用方式来实现，使他们形成对资源管理的深刻理解。

其次，通过实践活动，例如模拟资源管理决策过程，学生有机会在实际操作中思考如何在资源利用中平衡经济发展和环境保护。这样的实践活动有助于培养学生的综合分析和问题解决能力，使他们在未来能够更好地参与资源管理和可持续发展领域。这种实践性的教学设计不仅使学生能够理论联系实际，还激发了他们对环境问题的关注和解决的主动性。

在教学中，将理论学习和实践操作结合起来是关键。通过引入生动的案例、实地考察和模拟活动，学生既能够深刻理解地质科学知识，又能够在实际操作中培养自然环境敬畏心和资源管理意识。

### （二）创新精神的激发

#### 1.问题解决能力

地质科学教育旨在培养学生的问题解决能力，以激发其创新精神。为实现这一目标，

教学方法需要强调实际问题导向，使学生能够在解决真实问题的过程中运用地质科学知识，培养其创新思维、合作意识和实际操作能力。

在地质灾害的教学中，我们可以通过组织学生参与团队合作的实践活动，让他们深入分析特定地区的地质环境，了解潜在的地质灾害风险，并提出相应的预防和治理方案。这样的问题解决过程旨在使学生直面真实挑战，从而激发他们的学科兴趣和实践动力。通过团队协作，学生可以共同探讨和解决复杂的地质问题，培养出色的合作意识，同时也能结合多方智慧提出创新性的解决方案。

这种实践活动不仅仅是传授地质知识，更是为学生提供了运用所学知识解决实际问题的机会。学生需要在团队中积极参与讨论、分析地质数据、提出解决方案，并在实际操作中验证其有效性。通过这样的问题解决实践，学生将在解决地质问题的过程中逐渐培养起创新思维和实际操作的能力。

2. 实践经验的积累

提供充分的实践机会是激发学生创新精神的关键途径之一。通过组织学生参与各类实地考察、实验和模拟操作，他们能够在真实环境中应用地质科学知识，积累实践经验。这样的实践经验不仅仅是理论知识的延伸，更是学生从课堂走向实际场景的重要桥梁。

在地质科学教育中，我们可以设计模拟资源勘探的实际操作，让学生亲身体验地层分析、勘探技术等环节，培养他们的实际动手能力。通过这样的实践活动，学生能够更深入地理解地质科学的应用领域，将所学知识与实际问题相结合，从而激发他们对创新的积极冲动。

问题解决的实践活动和实践经验的积累为地质科学教育提供了有力的支持。这种创新精神不仅对学生个体的职业发展有积极影响，同时也为整个可持续发展领域引入更多新思维和新方法。

# 第八章 地质环境与可持续发展制度

## 第一节 地质资源管理制度与法规体系建设

### 一、地质资源管理制度的演变与制定原则

地质资源管理政策的演变是一个反映社会发展和资源利用理念演进的过程。最初，地质资源管理政策的出发点是为了解决资源开发利用中的问题，推动地质资源的科学合理利用。随着社会对可持续发展理念认识的提升，地质资源管理政策逐渐强调生态保护和可持续利用。政策的演变反映了社会对资源管理的不断深化认识和对生态环境的更高要求。

在制定原则方面，地质资源管理政策的核心原则包括：

#### （一）坚持可持续发展理念

1. 理念演进的背景与动因

可持续发展理念在地质资源管理政策中的确立反映了社会对资源利用的深刻认识。在过去，地质资源管理政策主要侧重于追求短期的经济效益，强调资源的开发和利用，而对于环境和社会的长期影响关注相对较少。这一传统观念的主导源于对资源丰富性的过度乐观估计，以及对环境容量的低估。因此，过去的政策往往是以牺牲环境和社会为代价来获取短期的经济收益。

然而，随着环境问题的日益凸显，人们对地球资源的有限性和脆弱性有了更为清晰的认识。自工业革命以来，人类对地球资源的过度开发和消耗导致了生态系统的破坏、生物多样性的丧失及气候变化等严重问题。这些环境问题引起了国际社会的广泛关注，推动了可持续发展理念的兴起。

可持续发展理念的普及背后，是对资源管理方式的深刻反思。人们逐渐认识到，纯粹追求短期经济效益的资源管理方式是不可持续的。在这一认识的引导下，国际社会开始转向更加综合、平衡的地质资源管理政策。可持续发展理念要求在满足当前需求的同时，要保护和维护地球的生态系统，确保资源的利用不对环境造成永久性破坏。

可持续发展理念的确立也受到科技进步的推动。随着科技的不断发展，人们对环境和资源的影响能够被更准确地评估。科技手段的提升为开发新的、更为环保的资源利用技术提供了可能，推动了可持续发展理念的实践。同时，信息技术的普及使得环境问题能够更

加迅速地传播，引起公众的广泛关注，推动政策制定者更加重视可持续发展。

2. 后代利益的重要性

可持续发展理念的核心之一是确保资源的合理利用不损害后代利益。这一理念强调了对地球资源的长远考虑，提出了一种全新的资源管理理念，即在当前利用资源的同时，必须谨慎对待生态环境，以确保未来世代仍能够继续享有丰富的地质资源。

制度明确规定资源的开发和利用应当以不破坏自然环境、不耗竭资源为前提。这体现了对地球资源的有限性的认识，认识到不合理的资源开发可能导致资源的枯竭和环境的恶化。因此，可持续发展的理念要求我们在利用地质资源时，要充分考虑资源的可再生性和自然环境的容量，以确保资源的可持续供应。

后代利益的重要性体现在对未来世代的责任和关爱。人类社会的发展和进步应当是一代一代传承和积累的结果，而不是建立在对自然资源的过度消耗和环境破坏之上。可持续发展理念要求我们通过科学的资源管理和环境保护，将地球资源留给后代作为可持续发展的基础。

保障未来世代能够继续享有丰富的地质资源不仅仅是一种道义责任，也是对生态平衡的维护。如果我们在今天不谨慎对待地球资源，过度开发和污染将对未来世代的生存和发展构成威胁。可持续发展理念的制度性要求在法规和标准中得到体现，旨在引导人们更加理性和谨慎地管理和利用地质资源，确保后代不因我们的过失而受害。

3. 制度导向

制度导向在法律和规章中体现可持续发展理念，要求资源管理者在制订开发计划和实施过程中优先考虑环境、社会和经济的平衡，以确保资源的合理开发和可持续利用。这一理念的实施需要法规和制度的支持，以确保资源的可持续管理成为一种系统性和长期性的行为，为整个社会的可持续发展提供制度保障。

制度导向首先在法律框架中明确了资源管理的原则和目标。法律体系中的相关法规规定了资源管理者在开发和利用地质资源时应遵循的基本原则，包括环境友好、社会公正和经济效益的平衡。这些法规要求资源管理者在制订开发计划时，必须充分考虑资源的可持续性，确保开发活动不对环境产生不可逆转的影响，同时保障社会公众的合法权益。

其次，制度导向通过规章制度详细规定了资源管理的具体要求。在法律的框架下，规章制度进一步细化了资源管理的标准和程序。例如，规章可能规定了资源评估的方法、环境影响评价的要求、开发计划的编制程序等，以确保资源管理在实际操作中能够符合可持续发展的理念。这些规章制度的建立不仅提供了操作指南，也为监管和评估提供了依据。

制度导向还强调了对资源管理者的监管和责任追究。在法律体系下，资源管理者在资源开发过程中必须遵守法规和规章的规定。监管机构负责对资源管理者的行为进行监督，确保其按照制度导向的原则进行资源管理。同时，制度导向明确了资源管理者的法律责任，对违反法规和规章的行为进行严格的处罚和追究责任，以形成有效的法律制度的威慑力。

## （二）优化资源配置结构

### 1.资源配置的综合考虑

地质资源管理制度要求进行全面的资源评估，考虑不同类型资源的特性、分布和利用潜力，制定合理的资源配置结构。这包括矿产资源、水资源、土地资源等，要在不同资源之间实现平衡配置。

资源评估是资源配置的基础，通过对各种地质资源的调查和评估，我们可以全面了解资源的储量、质量和可开发性。不同类型的资源具有不同的地域分布和开发难度，因此需要综合考虑它们的地理特征，以科学合理的方式进行资源评估。这种全面评估有助于确定资源的优先开发区域和方式，为资源配置提供科学依据。

在考虑资源配置结构时，不同类型的地质资源应当实现平衡配置，以满足社会、经济和环境的多重需求。例如，在矿产资源开发中，我们需要考虑各种矿产的开发比例，以防止某一类资源的过度开发导致资源枯竭和环境破坏。同时，在水资源管理中，我们需要平衡不同地区和行业对水资源的需求，确保水资源的可持续供应。土地资源的利用也需要在农业、工业、城市化等方面实现平衡，以保障粮食安全和生态平衡。

综合考虑资源的特性、分布和利用潜力，可以制定出符合可持续发展理念的资源配置方案。这需要充分了解地质资源的生态、经济和社会价值，避免片面追求经济效益而牺牲环境和社会福祉。科学的资源配置结构不仅要考虑当前需求，还要考虑未来世代的需求，确保资源的合理利用不损害后代利益。

### 2.避免过度开采

制度规定在资源配置结构中避免过度开采，通过科学手段评估资源可持续供给量，设定资源开采的合理标准，确保资源的长期可用性。

在可持续发展理念的指导下，地质资源管理制度强调避免过度开采，以确保资源的可持续供应和生态系统的健康。过度开采会导致资源枯竭、环境破坏和社会经济问题，因此制度制定者将资源开采纳入可持续发展的考量范畴，采取一系列措施来规范和引导资源的合理利用。

首先，制度要求通过科学手段对资源进行评估，全面了解资源的储量、分布和可开发性。这种评估不仅要考虑当前的资源状态，还要预测未来资源的变化趋势，以便科学合理地确定资源的开采规模和时限。通过先进的勘探技术、遥感技术和地质调查手段，制度制定者能够获取准确的资源信息，为资源配置提供科学基础。

其次，制度要设定资源开采的合理标准，包括开采速度、开采量、开采深度等方面的要求。这些标准应当综合考虑资源的可再生能力、环境承载能力和社会需求，确保资源的开采不超过其再生和自我修复的能力。通过制定明确的标准，制度能够引导企业在开采过程中更加注重资源的可持续性和环境的保护。

最后，制度要求建立监测和评估机制，定期对资源的开采情况进行跟踪和评估。这包括对资源储量、开采速度、环境影响等方面的监测，以及对制度实施效果的评估。通过定期的监测与评估，制度制定者能够及时发现问题，调整制度，确保资源的可持续开发和利用。

### 3.社会和经济需求的响应

制度要求资源配置结构要灵活应对社会和经济的发展变化。在不同发展阶段，制度应调整资源配置结构，以满足不同时期的社会和经济需求。

为适应社会和经济的动态发展，可持续发展的地质资源管理制度强调了资源配置结构的灵活性。制度制定者认识到社会和经济的需求会随时间不断变化，因此在制定和执行地质资源管理制度时，我们需要具备一定的灵活性，以适应不同发展阶段的挑战和机遇。

首先，制度要求对社会和经济的发展趋势进行深入的研究和分析。这包括对产业结构的变化、科技进步的影响、人口增长趋势及消费模式的变化等方面的全面了解。通过对这些因素的深入分析，制度制定者能够更准确地预测社会和经济对地质资源的需求，为资源配置提供科学依据。

其次，制度要求建立快速响应机制，及时调整资源配置结构。在社会和经济出现重大变革或新的发展机遇时，制度制定者应当迅速调整资源配置结构，以满足新的需求和挑战。这可能涉及调整不同资源的开发比例、优化资源利用方式及推动新型资源的研发和应用等方面的措施。

此外，制度还要倡导资源配置的协同性和综合性。不同资源之间存在相互关联和依赖关系，制度应当促使各类资源在开发和利用中实现协同效应。通过综合考虑矿产资源、水资源、土地资源等的特性，制度可以引导资源的有机整合，以提高资源的综合利用效率。

## （三）加强生态环境保护

### 1.生态环境目标的设定

地质资源管理制度的建立旨在确保资源的开发和利用不对生态环境造成破坏，这体现在明确的生态环境保护目标上，其中包括空气质量、水质量、土壤质量等多个方面。这些目标的设定反映了对可持续发展的追求，以及对自然生态系统的保护和修复的重视。

首先，空气质量是生态环境目标的关键领域之一。地质资源管理制度要求对资源管理活动产生的大气排放进行有效监测和控制，确保空气中的有害物质在合理范围内。通过设定清晰的空气质量标准，政策促使资源开发者采取先进的技术手段，减少对大气环境的污染，保护生态系统的健康。

其次，水质量是受到重点关注的方面之一。地质资源管理政策要求对采矿和挖掘活动产生的废水进行严格监测和处理，以确保排放到水体中的水质符合规定标准。这一举措旨在维护水生态系统的平衡，保护水资源的可持续利用，防止水体污染对生物多样性和人类用水的影响。

另外，土壤质量也是生态环境目标的关注点之一。地质资源管理制度要求采取有效的土壤保护和修复措施，以减轻采矿和挖掘等活动对土壤的负面影响。通过科学的土壤修复技术，政策致力于确保土壤的肥力和生态功能，促进土壤的逐步恢复。

2.资源活动的规范

资源活动的规范在地质资源管理中扮演着至关重要的角色，旨在确保资源的开发、利用和保护过程中不对生态环境造成不可逆转的影响。这一规范体现在制度性的要求和具体操作层面，以保障可持续发展理念在资源活动中的贯彻。

首先，制度规范资源活动的核心在于对敏感区域的限制。敏感区域可能包括生态脆弱地带、水源保护区、野生动植物栖息地等，这些区域对于维持生态平衡和生物多样性具有重要意义。制度规定在这些区域的资源开发活动需经过严格审查和限制，以减少对生态环境的冲击。这一措施的目的在于保护特定区域的生态系统，确保其功能和稳定性不受破坏。

其次，制度规范还可能包括建立生态补偿机制。资源活动可能导致一定程度的生态损害，尽管已经采取了预防和修复措施。为了弥补生态系统因资源开发而遭受的损失，制度规范可以规定资源管理者需要进行生态补偿，例如在其他地区进行植被恢复、生态修复等工作。这种机制促使资源管理者在开发活动中更加谨慎，激励其采取更多的生态保护措施，实现对生态系统的积极贡献。

3.环境监测与响应机制

政策要求建立健全的环境监测与响应机制，对资源活动的生态影响进行实时监测。当发现异常情况时，政策要求立即采取措施予以纠正。

### （四）推动科技创新

1.技术创新的动力

技术创新在地质资源管理中扮演着推动可持续发展的重要角色。地质资源管理制度的设立明确了推动科技创新是提高资源开发、利用和保护效率的关键，这旨在通过采用最新的科技手段，优化资源管理流程，实现资源的可持续利用和生态环境的保护。

首先，政策要求资源管理者积极采用最新的科技手段。这包括但不限于先进的勘探技术、遥感技术、地理信息系统（GIS）等，以提高资源勘查的准确性和效率。通过引入先进的勘探技术，资源管理者可以更全面地了解地下资源分布情况，有效避免盲目开发，减少对自然环境的干扰。

其次，政策强调优化资源管理流程。这涉及数据采集、处理、分析等多个环节，需要利用信息技术和大数据分析等现代科技手段，提高资源管理的智能化和精细化水平。通过建立高效的数据管理系统，资源管理者可以更好地监测资源利用情况，及时发现问题，采取相应的调整措施。

此外，政策鼓励开展相关科研项目，推动新技术、新方法的研发和应用。通过设立专项资金、支持科研机构和企业进行创新性的研究，资源管理者能够更好地借助科技力量解决实际问题。这有助于推动地质资源管理不断适应科技进步和社会需求的变化。

技术创新的动力在于地质资源管理的不断完善和可持续发展的要求。采用最新科技手段，不仅可以提高资源勘查和管理的效率，更可以降低资源开发对环境的影响，推动地质资源管理迈向更加智慧、科技化的时代。

2. 支持研究与开发制度

支持研究与开发制度在地质资源管理中的实施是为了促进该领域的创新与进步。这一制度旨在通过多种手段鼓励并支持地质资源领域的科学研究和技术开发，以推动新技术、新方法的应用，提高资源活动的科技水平，进而实现资源可持续开发与利用的目标。

首先，制度通过设立专项资金来支持研究与开发。这些专项资金可以用于资助科学家、研究机构和企业进行创新性的地质资源研究项目。这种资金的设立不仅为科研团队提供了必要的财政支持，还为他们在技术研发方面提供了更多的自主权和灵活性。

其次，制度提供研究项目支持。通过明确的项目申请和评审程序，资源管理机构可以向符合条件的研究项目提供支持，包括技术设备、实验场地、人才支持等。这种支持有助于鼓励更多的科研团队参与到地质资源管理的前沿问题研究中，推动科技创新。

此外，制度还可以采用激励措施，如奖励机制，以鼓励优秀的研究成果。这种奖励机制可以包括科研项目奖励、科研成果转化奖励等，旨在激发科研人员的积极性，促使他们更加努力地投入地质资源领域的研究与开发中。

通过这些手段，支持研究与开发制度在地质资源管理中发挥着积极的作用。它不仅促进了科技创新，还为解决资源开发与保护之间的矛盾提供了更多的技术手段和解决方案。

3. 减少对环境的影响

政策规定科技创新应当致力于减少资源活动对环境的不良影响。这可能涉及绿色开采技术、循环利用技术等方面的研究与应用。

## 二、地质资源法规体系的建设与完善

地质资源法规体系的建设涉及法律法规的完备性和协调性。为确保法规体系的完备性，我们需要建立一套系统完备、科学合理的法规框架，以涵盖资源勘查、开发、利用、保护等方面。这包括：

### （一）资源勘查法规

1. 法规体系的完备性

法规体系的完备性对资源勘查至关重要，因为资源勘查是地质资源管理的起步阶段，法规的健全性直接影响着资源开发、利用和保护的合理性和可持续性。因此，在资源勘查方面，一个涵盖多领域、综合性的法规框架是必不可少的，这包括但不限于矿产、水资源、土地资源等多个方面的法律法规。

首先，矿产资源的勘查法规需要明确不同矿种的开采条件、技术规范及环境保护措施。法规可以规定矿产勘查的技术规范，确保勘查数据的准确性和可比性，从而为后续的资源开发提供科学依据。同时，法规应考虑矿产资源的有限性，规定资源开采的可持续性原则，以防止过度开采对环境和社会的不可逆转的影响。

其次，水资源勘查的法规需要关注水源的分布、水质的监测和水量的评估。法规应规定水资源调查的标准，确保水源地的保护，同时监控水质，防范水污染。水资源勘查法规也应规范水量测定的方法，确保水资源的可持续供应。

此外，土地资源勘查法规需要明确土地利用的条件、土地质量的评估标准和土地变更的程序。法规可规范土地资源的调查与监测，确保土地资源的可持续利用，并设立土地质量评估标准，以便进行土地开发和保护的合理规划。

2. 科学勘查的原则

科学勘查的原则在资源勘查的法规中被明确规定，其核心理念是通过科学的方法和跨学科的综合知识，确保对资源进行准确全面的了解。这一原则是为了提高资源勘查的科学性、准确性和可靠性，以便为后续的资源开发和管理提供可靠的数据支持。

首先，科学勘查的原则要求资源勘查活动应该基于综合地球科学的理论和方法。这包括地质学、地球化学、地球物理学等多个学科领域的知识，以便全面了解地质体系、矿产分布、水文地质特征等关键要素。通过科学的地质勘查，我们可以更好地了解地下资源的储量、分布和特性，为合理的资源开发提供科学依据。

其次，科学勘查的原则强调采用工程技术手段，包括先进的勘查仪器设备、遥感技术、地理信息系统等。这有助于提高资源勘查的效率和准确性，同时减少对自然环境的干扰。合理使用科技手段可以在勘查活动中获取更多有关地下资源的信息，确保数据的全面性和准确性。

另外，规范资源调查报告的编制也是科学勘查原则的一部分。这要求在资源调查报告中详细记录勘查的目的、方法、过程和结果，确保报告的科学性和可信性。透明而系统的报告可以为决策者、研究者和公众提供清晰的资源信息，形成更加科学合理的资源管理决策。

科学勘查的原则通过整合地球科学和工程技术，规范资源调查报告，确保资源勘查的科学性和可靠性。这一原则的制定旨在确保资源管理的科学性和可持续性，为地质资源的合理利用提供坚实的科学基础。

3. 生态环境评估的要求

法规对资源勘查过程中的生态环境评估提出了明确要求，强调在勘查活动中必须进行全面、深入的评估，以预见和解决可能引起的环境问题。这一要求旨在确保资源开发的可持续性，通过及早识别和处理潜在的生态风险，最大程度地减少对环境的负面影响。

首先，法规要求生态环境评估应该在资源勘查的早期阶段就得到实施。这种及早的干预有助于在勘查活动正式展开之前，就对可能产生的生态影响进行全面的评估。在项目规划和设计阶段引入生态环境评估，可以有效地降低环境风险，提高资源勘查活动的可持续性。

其次，生态环境评估要求对勘查过程中可能涉及的多个方面进行全面考虑。这包括但不限于土地利用变化、水资源的利用与保护、生物多样性的维护等。评估的深入性要求涵盖生态系统的各个层面，确保对环境影响的了解是全面而准确的。

另外，法规强调生态环境评估需要提前预测可能产生的环境问题，并明确要求提出相应的环境保护和修复措施。这包括通过技术手段降低勘查活动对生态系统的干扰，以及在可能产生负面影响的区域实施生态修复和环境保护工程。通过这些措施，我们可以最大限度地减少生态系统的受损，并为环境问题的解决提供科学的方法和技术支持。

## （二）资源开发法规

### 1.合法开发的规范

法规对资源开发活动提出了明确的规范，要求一切开发活动必须在合法的基础上展开。这一要求旨在建立健全的法律体系，确保资源的开发与利用过程是合法、规范的，同时明确开发主体之间的权益关系，以防止资源的非法开发。

首先，法规规定了开发许可和矿业权的获得程序。资源的开发通常需要经过政府的批准和许可，确保开发者具备必要的资质和条件。这一程序的规范性保证了资源的开发是在符合法规和规定的前提下进行的。同时，矿业权的获得涉及权属关系的确认，法规规范了这一过程，以避免因权益问题引发的争端和非法开发。

其次，法规规范了资源开发活动中各方的权益关系。这包括了开发者与政府、开发者之间的权益分配和合作关系。法规的制定，明确了资源开发的权责义务，防止权益关系不明晰导致的纠纷，保障各方的合法权益。

另外，法规强调了对非法开发的打击和处罚机制。设立明确的法规，规定违法开发的处罚措施，对违法行为予以打击，以威慑不法分子。这有助于形成合法、有序的资源开发环境，维护整个资源开发领域的秩序。

### 2.环境保护的法制保障

法规为资源开发活动提出了明确的法制保障，特别注重了环境保护的法制框架。该框架设定了一系列开发过程中的环境保护法规，包括但不限于环境评估和排污标准等，旨在保障开发活动对环境的最小化影响。

首先，法规要求进行环境评估。在资源开发的初期，法规规定了必须进行环境评估，以全面、深入地评估开发活动对环境可能产生的影响。环境评估涉及对空气、水质、土壤等多个方面的综合评估，以确保在开发资源的过程中充分考虑到环境的承受能力，从而避免不可逆转的环境损害。

其次，法规规定了排污标准。在资源开发的过程中，一些排放是难以避免的，但法规通过设定排污标准，要求开发者在排放过程中符合规定的环保标准。这不仅包括了对废水、废气、固体废物等排放的标准，还包括了对有毒有害物质的控制要求。这些标准的设定旨在确保排放不对周围的环境和生态系统造成过度损害。

此外，法规还规范了环境保护的其他方面，包括但不限于对自然保护区、生态敏感区等的合理保护，以及对生态环境破坏可能产生的生态补偿机制。这些规定旨在通过法制手段，最大程度地减缓资源开发活动对环境带来的负面影响，实现资源开发和环境保护的平衡。

3.社会责任的要求

法规明确规定了资源开发者在进行开发活动时应当履行社会责任。这一要求不仅关注资源开发的经济效益，更强调了资源开发者与当地社区的合作，以及对社会的回馈。以下是法规中对资源开发者社会责任的要求：

首先，法规要求资源开发者与当地社区进行合作。资源开发者在开发活动中需要与当地社区保持密切的沟通与协作，充分尊重和考虑当地社区的意见和需求。这种合作关系应建立在平等、公正、互利的基础上，确保资源开发活动不仅仅符合企业自身利益，也能够促进当地社区的可持续发展。

其次，法规要求资源开发者提供就业机会。资源开发过程优先考虑雇佣当地居民，提高其就业机会，促进当地就业水平的提升。通过提供良好的工作条件和培训机会，资源开发者能够有效地改善当地居民的生计状况，提升其生活水平。

再次，法规鼓励资源开发者进行社会投资。资源开发者被要求将一部分利润投入当地社区的公益事业中，例如教育、医疗、基础设施建设等。这样的社会投资有助于改善当地社区的基础设施和公共服务水平，提升社区居民的生活质量。

最后，法规要求资源开发者确保资源开发既促进了经济发展，也造福了当地社会。这一要求旨在强调资源开发者在取得经济收益的同时，也要对当地社会和环境负有责任。通过履行社会责任，资源开发者不仅能够获得社会的认可和支持，还能够建立良好的企业形象，提高企业的可持续发展能力。

### （三）资源利用法规

1.合理利用的原则

法规对资源的合理利用制定了明确的原则，要求资源的利用必须在科学合理的基础上进行。这包括以下几个方面的要求：

首先，法规要求明确资源利用的计划。在资源利用的过程中，我们必须事先制订详细的资源利用计划，包括资源的种类、数量、利用方式等方面的规划。通过制订计划，我们能够有效地指导和管理资源的开发和利用活动，避免出现无序开发和浪费资源的情况。

其次，法规要求明确资源利用的方法。不同类型的资源有着各自独特的开发和利用方法，法规要求在资源利用计划中明确具体的资源利用方法。这包括对于矿产资源、水资源、土地资源等的开发方式，要求资源开发者采用科学合理的技术手段，确保资源的高效利用。

再次，法规要求明确资源利用的技术要求。鼓励采用先进的、环保的资源利用技术，以最大限度地减少对环境的不良影响。法规中可能规定一系列的技术标准和指南，推动资源利用活动朝着更加可持续和环保的方向发展。

最后，法规要求在资源利用过程中注重科学研究和创新。鼓励资源开发者进行科学研究与创新，可以推动资源利用技术的不断进步，提高资源利用的效率和可持续性。这也包括对新兴技术的鼓励和支持，以推动资源利用向更为可持续和环保的方向发展。

### 2. 市场机制的引导

法规强调建立市场机制，以税收、财政激励等手段引导企业和个人更加理性地利用资源，从而促进资源的经济效益提升。市场机制在资源管理中发挥着重要的引导作用，其通过激发市场主体的活力和创造性，实现资源的有效配置和优化利用。以下是法规中对市场机制的引导方面的要求：

首先，法规要求建立完善的税收政策。通过制定差别化的税收政策，鼓励资源的节约使用和高效利用，可能对资源开发者实行税收优惠政策，对采用环保技术和循环经济模式的企业给予减免税等激励，以引导企业更加理性地进行资源管理。税收政策的设计要充分考虑不同行业、不同类型资源开发的差异，实现资源利用行为与经济效益相统一。

其次，法规要求建立财政激励措施。通过设立专项资金、奖励基金等方式，鼓励和支持采用先进技术、高效节能的资源利用项目。这些激励措施可以直接投入资源利用的领域，推动技术创新和资源管理的可持续发展。同时，财政激励也可以用于支持资源环境保护和生态修复等方面，以强化市场主体对资源经济效益的关注。

此外，法规要求建立市场监管体系。通过加强市场监管，规范市场行为，防范和打击不合理的资源利用行为，保障市场公平竞争。同时，对于那些违反资源利用法规的企业和个人，要实施相应的惩罚机制，以维护市场秩序。市场监管体系的建立有助于营造公平、透明、有序的市场环境，推动市场机制更好地发挥资源配置的作用。

## （四）资源保护法规

### 1. 法规保护的对象

法规应当明确保护的资源对象，涵盖但不限于特定的自然景观、生物多样性、水源地等。这些资源因其特殊性质需要得到法律的特殊保护，以确保其持续性、稳定性和可持续性。以下是法规对保护对象的明确要求：

首先，法规要规定对自然景观的保护。自然景观作为自然资源的一部分，承载着丰富的生态、文化和科学价值。一些特殊的自然景观，如国家级自然保护区、风景名胜区等，因其独特性、稀缺性而需要得到法律的特殊保护。法规应当规定对这些自然景观的保护措施，包括限制开发、设立禁区、制定特殊管理政策等，以维护其原始状态和生态平衡。

其次，法规要明确对生物多样性的保护。生物多样性是地球生态系统的重要组成部分，对维持生态平衡、保障人类生存具有重要意义。法规应当规定对各类生物多样性的保护要求，包括濒危物种的特殊保护、自然保护区内生物多样性的保育措施等，以防止过度捕捉、栖息地破坏等对生物多样性的威胁。

另外，法规还应当规定对水源地的特殊保护。水源地是维持自然水循环、保障水资源可持续利用的基础。法规要规定对水源地的合理开发和保护措施，包括限制开发活动、设定水资源利用权、建立水源保护区等，以确保水源地的水质清洁、水量充足。

此外，法规还可以涵盖其他特殊资源对象的保护，如地质遗迹、珍稀植物、特有动物等，根据实际情况明确其保护要求。

2. 开发限制的设定

法规设定的对受保护资源的开发限制是确保资源合理利用和生态环境可持续的关键一环。法规明确规定在特定区域或对特定资源的开发活动受到法律的限制，这种限制包括禁止性规定和强制性的保护措施，以保障资源的可持续性和生态环境的完整性。

首先，法规中的禁止性规定明确规定在受法律保护的区域或对受法律特殊保护的资源，某些开发活动是被禁止的。这可能包括对自然景观、生物多样性较高的区域及水源地等进行禁止性规定，限制开发、建设和其他可能对资源造成破坏的活动。这种禁止性规定的目的是确保这些区域的原生态系统不受破坏，从而保护其生态平衡和功能。

其次，法规还明确规定一些强制性的保护措施，以确保在开发活动中采取必要的步骤来减轻或弥补对资源的潜在影响。这可能包括要求进行环境影响评估、制订详细的保护计划、设立保护基金、实施生态补偿等。通过这些强制性的保护措施，法规旨在在开发的过程中最大限度地减少对受保护资源的负面影响，确保开发活动在资源合理利用的同时尽量保持环境的原貌。

在设定开发限制时，法规通常会充分考虑自然资源的特性、地域差异、生态系统的脆弱性等因素，制定切实可行的限制措施。这需要深入研究资源开发的潜在影响，以及采取合适的手段来平衡资源开发和生态保护之间的关系。

3. 生态补偿机制

生态补偿机制在法规中的要求是为了在资源保护和经济发展之间实现平衡，通过对因资源保护而遭受经济损失的开发者进行合理的经济补偿，维护生态环境的健康和资源的可持续利用。这一机制旨在促进资源管理的可持续性，并确保开发者在遵守法规的前提下参与资源保护。

首先，生态补偿机制的实施要求建立明确的补偿标准和计算方法。法规中应规定生态补偿的计算标准应基于受到损失的资源价值、环境影响、生态系统服务等多方面考虑，以确保补偿金额的科学、公正和合理。这需要对生态系统的各项服务进行综合评估，以确定开发者因资源保护而可能遭受的经济损失。

其次，法规还应明确生态补偿的支付程序和方式。生态补偿的支付应遵循公平、透明、可追溯的原则，确保被补偿的资金能够有效用于生态环境的修复和保护。支付方式可以包括直接经济补偿、设立专项基金、提供税收优惠等多种方式，以满足不同资源保护项目的需要。

生态补偿机制的另一个重要方面是建立监督和评估体系。法规应规定相关部门负责对生态补偿的实施进行监督，确保生态补偿的资金使用合法合规。同时，我们需要建立评估机制，对生态补偿的效果进行定期评估，以便调整和改进生态补偿的标准和机制。

最后，法规中应考虑生态补偿机制的灵活性。因为资源保护和经济发展之间的关系可能受到多种因素的影响，法规应当允许根据实际情况对生态补偿标准和机制进行调整。这有助于适应不同地区、不同资源的特殊情况，从而更好地平衡生态环境和经济的关系。

# 第二节 地质环境保护制度与可持续发展规划

## 一、地质环境保护制度的框架与目标

地质环境保护政策的制定旨在确保地球表层的稳定性和生态平衡，以及降低人类活动对地质环境的负面影响。政策的框架通常包括：

### （一）城市建设与地质环境

1.考虑地质环境特征的城市规划

在城市规划中，充分考虑地质环境特征是一项重要的制度要求，旨在确保城市建设的可持续性和安全性。制度规定了一系列措施，以有效避免将建设项目选址于地质灾害易发区，并明确了对地质环境敏感区域的限制性开发，同时鼓励采用新技术手段提供科学依据，以此为城市规划提供合理的指导和保障。

首先，制度要求在城市规划中全面考虑地质环境特征，特别是在选择建设项目的选址过程中。通过对地质灾害易发区的科学划定，规划能够避免在这些区域进行建设，减少地质灾害带来的潜在风险。这种划定应该基于充分的地质勘察和评估，确保规划项目的选址是基于科学、客观的依据，有助于降低地质灾害风险。

其次，制度要求对地质环境敏感区域进行限制性开发。这包括但不限于临近断裂带、地震活跃带等区域，规划要对这些区域进行谨慎规划，确保建设活动不会对地质环境产生不可逆转的影响。对于敏感区域，规划可以制定相应的开发标准和建设要求，以保障城市建设的可持续性和安全性。

此外，制度强调鼓励采用新技术手段，如地质勘察技术和地下水资源调查，为城市规划提供科学依据。新技术的应用可以提高对地质环境的认知水平，为规划者提供更为准确和全面的地质信息。地质勘察技术的先进性和地下水资源调查的科学性能够为城市规划提供精准的地质数据，为规划的科学性和可行性提供支持。

2.合理规划城市绿地，减缓城市热岛效应

城市规划中合理设置绿地系统是地质环境保护政策的重要要求，旨在通过植树造林、建设公园等方式，调节城市热岛效应，提高城市的生态环境质量。此外，政策支持采用低影响开发技术，包括绿色屋顶和透水铺装等手段，以减少城市土地的人为封闭，降低地表径流，改善城市地质环境。

合理规划城市绿地是为了缓解城市热岛效应，其中包括两个主要方面的措施。首先，政策要求通过植树造林和建设公园等手段，增加城市的绿化覆盖率。这有助于提高城市空气湿度、降低环境温度，有效减轻城市的热岛效应。通过科学规划和布局，绿地系统被纳入城市规划，这使其能够在城市中形成合理的分布，为市民提供优美的休闲场所，同时减轻城市的热能蓄积，降低城市的气温。

其次，政策支持采用低影响开发技术，这包括推广绿色屋顶和透水铺装等措施。绿色屋顶通过植被的覆盖降低建筑表面的温度，达到降温的效果，同时能够吸收雨水，减少地表径流。透水铺装则能够降低地面的人工封闭程度，促使雨水渗透到土壤中，减少城市的洪涝风险。这些技术的应用不仅改善了城市地质环境，还提高了城市的生态可持续性。

通过合理规划城市绿地和采用低影响开发技术，城市不仅可以改善环境质量，减缓热岛效应，还能提升城市的整体生态效益。这一系列措施是地质环境保护政策的具体实践，为城市可持续发展和居民的生活质量提供了坚实的基础。

### （二）农村发展与土地利用

1. 合理布局农田，保护土壤资源

在农村规划中，政策强调合理布局农田是为了避免在易发生水土流失的区域进行大规模农业活动，从而最大程度地保护土壤资源。通过建立土壤保护区、设定农田休耕期等手段，政策鼓励农业生产过程中采取保护性耕作和水土保持措施，以减少农田对土壤的损害，确保土壤资源的可持续利用。

土壤资源的保护是农业可持续发展的基石。政策着眼于土壤的特殊性质，采取措施防止水土流失。首先，政策提倡合理布局农田，避免在容易发生水土流失的区域进行大规模的农业开发。科学规划，将农田布局在地形较为平坦、土质较为坚固的区域，减少水土流失的风险。其次，政策引入了土壤保护区的概念，将一些土地划定为保护区，禁止或限制在这些区域进行农业活动，以确保土壤的自然修复和保持其生态功能。

此外，政策还规定了农田休耕期，鼓励农民在一定时间内将土地休耕，让土壤得以休养生息，提高土壤的抗逆性和生产力。同时，政策鼓励农业生产中采用保护性耕作措施，如覆盖地膜、梯田种植等，以减少土壤的侵蚀和水土流失。这些措施有助于在农业生产过程中最大限度地保护土壤，维护土壤的生态平衡。

通过合理布局农田、设立土壤保护区、规定农田休耕期等手段，政策不仅在农村规划中考虑了土壤资源的特殊性，也积极引导农业生产向着更加可持续的方向发展，为土壤资源的保护和可持续利用奠定了坚实的基础。

2. 推动农村生态农业发展

政策积极倡导并支持农村生态农业的发展，通过多项措施推动生态农业的实施，以减少对农田的化学污染，提高水资源利用效率，降低农业活动对地质环境的不利影响。

首先，政策鼓励农村优化种植结构，通过调整农业生产的品种和比例，以最大限度地减少对农田的化学污染。推广有机农业是其中的一项主要举措，政策提供支持以鼓励农民采用有机肥料、生物农药等生态友好的农业生产方式，减少对土壤和水体的污染，提高土壤的健康状况。通过种植结构的优化，政策促进了农业生产与自然环境的协调共生，实现了对农田的可持续利用。

其次，政策支持农田水利设施的建设，以提高水资源利用效率。通过引入先进的灌溉技术、改善水渠网络等手段，政策旨在确保农田得到适量的水源供应，同时避免过度的水资源消耗。这不仅有助于提高农业生产的稳定性和效益，还减少了对地下水和地表水的过度开采，从而保护了水资源的可持续性。

政策通过推动农村生态农业的发展，旨在减少对农田的化学污染，提高水资源利用效率，降低农业活动对地质环境的影响。这一系列的措施有助于实现农业与环境的良性互动，促进农业可持续发展，为农村地区创造更加健康、可持续的发展环境。

### （三）资源开发与生态保护

1. 合理开发资源，减少对自然环境的损害

首先，地质环境保护政策的核心理念在于推动资源的合理开发，以减少对自然环境的损害。该政策规定，在资源开发过程中，我们必须全面考虑生态环境的复杂性和脆弱性。重要自然保护区和生态脆弱区域被明确定性为特殊区域，对其实施限制性开发，以确保资源开发活动不对这些敏感区域造成不可逆转的破坏。这一举措旨在最大程度地保护自然生态系统的完整性，确保其生态功能不受到严重干扰。

其次，政策要求在对特殊区域进行开发时，进行全面的环境影响评估，确保开发活动的可持续性和环境友好性。环境影响评估不仅包括对土地、水体和空气等要素的评估，还要考虑对当地生态系统和物种多样性的潜在影响。通过科学的评估，政策能够为资源开发提供明确的框架，确保其在环境方面的影响降到最低限度。

再次，政策在实施限制性开发时注重综合管理，要求制定详细的开发方案和管理计划。这包括制订科学的资源开发计划、建立监测体系和实施预警机制，以及建立资源保护与复育基金等。通过这些措施，政策旨在维护特殊区域的生态平衡，确保资源的可持续开发。

最后，政策还强调加强社会监督和公众参与。通过建立公开透明的信息公示系统，公众能够随时获取资源开发的相关信息，并参与评估和监督过程。这有助于形成多方参与的资源开发治理体系，促使政府、企业和公众形成合力，实现对自然环境的更好保护。

2. 推动绿色矿业和循环经济发展

首先，政策鼓励绿色矿业的发展，强调矿产资源的可持续开发。在这一框架下，政府支持和推动技术创新，通过引入绿色采矿技术和环保设备，以降低矿业活动对地质环境的负面影响。这包括采用低碳、清洁的采矿工艺，减少矿产资源开采阶段产生的环境排放，确保在矿区的开发中实现对地质环境的最小侵害。

其次，政策注重提高矿产资源的循环利用率。通过鼓励企业采用先进的矿产品回收技术和资源再生技术，政府致力于推动废弃物的再利用，减少对原始矿产资源的依赖。这有助于构建矿产资源的循环经济模式，减缓资源枯竭的趋势，降低资源的开发压力，同时也有助于减少对地质环境的不可逆损害。

再次，政策要求对矿区进行全面的环境影响评价。这不仅包括对矿业活动产生的土地利用变化、水资源污染、大气排放等方面的评估，还要综合考虑生态系统的稳定性和生物

多样性。通过科学的环境影响评价，政策力求确保矿业活动对地质环境的影响在可控的范围内，最大程度地保护自然生态系统。

最后，政策在推动绿色矿业和循环经济发展中注重建立监管体系和法规框架。通过设定矿业活动的法定标准和环境排放限值，政府能够引导企业实施可持续的矿业开发，确保其在合规的前提下进行。此外，政府还要建立监测体系，实时监测矿区的环境状况，及时发现和解决潜在问题。

## 二、可持续发展规划中地质环境的战略定位

在可持续发展规划中，地质环境的战略定位至关重要。这包括：

### （一）生态优先原则

#### 1. 生态建设的核心要素

首先，生态建设的核心要素之一是强调了生态优先原则。地质环境作为生态系统的基础组成部分，被纳入可持续发展规划的核心。这意味着在规划和实施各类建设项目时，要优先考虑地质环境的生态功能，以保障生态系统的健康。这一原则的制定要求规划者在整个规划过程中注重生态平衡，确保地质环境在人类活动中能够得到合理保护。

其次，规划应首先考虑地质环境的生态功能，其中包括对地下水资源的保护。地下水是生态系统中不可或缺的一部分，直接关系到土壤湿度和植被的生长。生态建设要求规划中设定明确的保护区域，限制在这些区域进行可能影响地下水的开发活动。此外，规划应注重土壤的稳定性，通过科学的土壤保护措施，减少土壤侵蚀，确保土壤的可持续利用。保护和维护地质环境的稳定性有助于维护整个生态系统的平衡。

再次，规划应注重地质环境对生物多样性的影响。地质环境的不同特征直接关系到植被的分布和动物栖息地的选择。因此，规划要充分考虑地质环境对各类生物的影响，设立相应的保护区域，保护珍稀濒危物种的栖息地，以维护生物多样性。

最后，通过明确地质环境的生态服务功能，规划能够更好地维护生态系统的健康运转。生态服务功能包括但不限于提供水源、土壤保持、气候调节等方面。规划要求将这些生态服务功能考虑在内，通过科学手段评估地质环境的生态贡献，确保规划和建设活动对生态系统的负面影响降至最低。

#### 2. 自然保护区的设立与管理

首先，自然保护区的设立与管理是维护独特地质特征和生态系统的重要手段。自然保护区的设立旨在保护特殊的地质环境和生态系统，确保其在人类活动中受到最小的干扰。规划应充分考虑保护区的地质特征，包括但不限于地质遗迹、地质景观等，以及生态系统中的关键元素，如濒危物种和特有物种。通过设立自然保护区，我们可以实现对这些独特资源的长期保护和可持续利用。

其次，在管理自然保护区时，规划要遵循最小干扰原则。这意味着管理措施应该最大程度地减少对自然环境的干扰，尊重自然过程的发展，避免引入过多的外部因素。管理措

施包括但不限于限制人类活动、控制游客数量、设置科研保护区等，以确保自然环境的原始状态得到保持。这一原则的贯彻有助于防止人为活动对地质环境和生态系统的不可逆转的影响，促使自然资源得以自发地恢复和演化。

再次，生态优先原则在规划中的体现对于自然保护区的科学管理至关重要。生态优先原则要求在规划和管理过程中，首先保障生态系统的健康和完整性。这包括确保自然保护区内的各种生物群落的平衡、保持自然过程的正常演变、提供适宜的生境条件等。通过强调生态优先，规划可以在保护区内建立起更加稳定和自然的生态系统，使其具有更好的适应性和生存力。

最后，科学管理是自然保护区设立与管理的基础。规划中要强调科学方法的运用，包括地质勘察、生态监测、环境评估等手段，对自然保护区的地质特征和生态系统进行全面了解。通过科学数据的支持，规划者可以更准确地判断人类活动对自然环境的潜在影响，采取科学合理的管理措施。同时，规划要注重与相关领域的专业人士和科研机构进行合作，利用最新的科技手段和研究成果，不断完善自然保护区的管理方案。

### （二）资源合理配置

#### 1.可持续地质资源开发规划

首先，可持续地质资源开发规划的核心在于科学合理的资源配置。规划者需要通过全面的地质资源调查和评估，了解不同地区的地质资源分布、特性和利用潜力。这包括矿产资源、水资源、土地资源等多个方面。通过科学的方法获取准确的地质数据，有助于规划者更好地理解各地资源的特征，为制定合理的资源配置结构提供科学依据。

其次，规划要确保资源的可持续开发。在地质资源开发计划中，我们要合理确定资源的开发强度，防止过度开采和不合理利用。这需要综合考虑资源的再生能力、可利用量及对环境的影响。规划者要明确资源的可持续供给量，制定开发标准和配额，并通过科学手段进行资源开发的监测和评估，以保障资源的长期可用性。

再次，规划中需考虑地质资源的多样性。不同地区的地质资源类型和分布存在差异，因此规划要根据实际情况，合理确定不同地区资源的优势和特色。这有助于避免资源配置的单一化，促使各类资源在全局范围内得到均衡和合理开发利用，从而实现地质资源的可持续开发。

最后，规划中要强调资源开发的环境友好性。制订地质资源开发计划时，我们需要考虑开发活动对自然环境的潜在影响，并采取相应的保护和修复措施。规划者要明确环境保护的指导思想，建立环境监测与响应机制，确保开发过程不对生态环境产生不可逆转的影响。这有助于实现地质资源开发与环境保护的有机结合，推动可持续发展。

#### 2.绿色采矿与循环经济

首先，资源配置规划中的绿色采矿是推动地质资源开发的重要方向。绿色采矿强调在矿产资源开发过程中采用环保技术和可持续方法，以减少对环境的不良影响。规划者需要通过引入绿色采矿技术，如生物堆浸、环保型爆破技术等，来提高资源开发的效益同时降低对地质环境的损害。此外，规划还需考虑矿区的生态恢复和环境修复计划，确保开发后的地区能够实现生态系统的恢复和自然环境的改善。

其次，循环经济原则应被纳入资源配置规划中。循环经济强调资源的再生利用和循环利用，通过推广废弃物回收、提高资源利用效率等手段，减少资源浪费，降低对自然环境的压力。规划者要制定合理的废弃物处理和资源回收政策，建立循环经济的产业链，促使资源在生产、使用和废弃的过程中实现尽可能的循环利用。此外，推动循环经济还需要建立相关法规和标准，引导企业和个人更加理性地利用资源，促进资源的经济效益提升。

再次，规划中的技术创新是推动绿色采矿和循环经济发展的重要手段。通过引入新的技术手段，例如智能化矿山管理系统、高效的资源勘查技术等，我们可以提高资源利用率，减少对非再生资源的依赖。规划者需要鼓励并支持地质资源领域的研究与开发，通过设立专项资金、提供研究项目支持等方式，推动新技术、新方法的应用，提升资源活动的科技水平。

最后，规划者需强调资源的合理配置和可持续开发的原则。通过科学手段对资源进行全面的评估，考虑不同类型资源的特性、分布和利用潜力，制定合理的资源配置结构，以在不同资源之间实现平衡配置。这有助于避免过度开采和资源利用不当，确保资源的可持续利用。规划还应考虑社会和经济的需求，确保资源配置能够灵活应对社会和经济的发展变化，实现经济与环境的协同发展。

### （三）风险防范与减灾

#### 1. 地质灾害风险评估与规划

首先，地质灾害风险评估是规划中的重要步骤。在可持续发展规划中，我们必须进行全面而科学的地质灾害风险评估，以全面了解地质灾害的潜在风险和可能的影响。这包括但不限于地震、滑坡、泥石流等不同类型的地质灾害。通过采用现代技术手段，如遥感技术、地理信息系统（GIS）等，我们可以对地质灾害的潜在风险区域进行精确识别和评估。这一步骤的目标是明确规划区域内可能受到地质灾害威胁的具体位置，从而有针对性地规划防灾减灾措施。

其次，规划中需明确避免在高风险区域进行重点建设。通过风险评估的结果，规划者能够确定规划区域内存在的高风险区域，并在规划中予以明确。避免在这些高风险区域进行重要建设，尤其是涉及人口密集区域、关键基础设施等的建设。这可以通过规划限制性措施、规定建设禁区等方式来实现。明确这些高风险区域，并采取相应的规划措施，是提高社会抗灾能力和保障人民生命财产安全的关键一环。

再次，科学规划有助于减轻地质灾害对人类社会的影响。规划者需要制定科学而综合的应对策略，包括但不限于加强基础设施的抗震设防、采用灾后恢复规划、建立灾害预警系统等。通过科学规划，我们能够在规划初期就考虑到地质灾害的可能性，从而在规划阶段就预防和减轻地质灾害可能造成的灾害影响。这也包括灾后的恢复与重建规划，以便尽快将受灾地区恢复到正常状态。

最后，规划者要提高社会的抗灾能力。这不仅包括我们对地质灾害的认知和应对能力的提升，也需要在规划中考虑到社会和经济的可持续发展。例如，通过合理规划城市布局、优化土地利用、建设抗震房屋等，提高城市和农村地区的整体抗灾能力。社会的抗灾能力的提高不仅涉及技术手段，还需要在加强公众教育、提升社区组织能力等多方面努力。

2.灾害减灾设施与措施

首先，规划应着眼于设立灾害减灾设施。在面对地质灾害等自然灾害的威胁时，规划者需考虑在规划区域内建设专门的灾害减灾设施，以最大程度地降低潜在的损害。这些设施包括但不限于防护堤、防滑坡构筑物、防地震建筑标准、防洪工程等。这些设施的设计和建设应该充分考虑规划区域的地质特征，以确保其具备有效的减灾功能。例如，在地震频发的地区，建筑物可以采用抗震设计，地质环境稳定性低的区域可以规划防滑坡工程。

其次，实施相应的措施是规划的关键步骤。规划者需在制定规划时明确并贯彻灾害减灾的原则，采取一系列措施以降低潜在的自然灾害对社会的影响。这可能包括对建筑物、基础设施的防护措施，如采用抗震结构、设置防洪设施等。另外，我们还需规划相应的应急预案，确保在发生灾害时能够迅速、有序地展开救援和恢复工作。措施的实施不仅需要技术手段的支持，也需要社会组织、政府管理等方面的协同合作。

再次，风险防范与减灾的原则是降低自然灾害对社会的损害的关键。在规划中，我们需要贯彻风险防范原则，即在设计和建设中充分考虑地质环境的特征，预测潜在的灾害风险，并在规划中进行防范性的设计。通过科学的灾害风险评估，我们可以更好地了解规划区域的灾害概率和可能的影响，从而有针对性地制定风险减轻和应对策略。此外，提升公众的灾害防范和应对意识，培养居民的自救互救能力，也是降低灾害损害的重要手段。

最后，规划应注重协同治理和社区参与。由于自然灾害的复杂性，单一的设施和措施难以完全解决问题。因此，规划者需要采取协同治理的方式，整合政府、企业、社会组织和居民等多方资源，形成联防联控的机制。同时，强调社区参与是规划的重要原则，通过社区居民的参与，我们能够更好地了解地方实际情况，提高规划的针对性和适应性，增强社区的抗灾能力。

## （四）可持续利用与再生资源

1.再生资源开发计划

在可持续发展规划中，要推动再生资源的开发利用。规划中应制订再生资源开发计划，包括可再生能源的利用和再生材料的应用。促进再生资源的开发，减少对有限资源的依赖，实现可持续发展的目标。

2.再生资源的循环经济模式

规划要倡导和引导企业实施循环经济模式，促进再生资源的循环利用。例如，制定相关政策和激励措施，鼓励企业开展废弃物的资源回收和再利用，降低对新鲜原材料的需求，减少资源浪费。

# 第三节　地质环境与可持续发展政策实施效果评价

## 一、地质环境政策实施的监测与评估体系

地质环境政策实施的监测与评估体系是确保政策效果的重要手段。该体系包括：

### （一）地质环境监测网络

地质环境监测网络的建立是确保地质环境政策实施有效性的重要组成部分。该监测网络应当广泛覆盖城乡各个地区，特别关注地质灾害易发区、自然保护区等对地质环境具有重要意义的区域。监测网络的设计应当充分考虑地质环境的差异性，以确保监测数据的准确性和代表性。

监测网络的核心包括多个监测站点，这些站点需要精确设置，以全面覆盖地下水位、土壤质量、地震活动、滑坡等关键指标。不同地区的监测站点的设置需要根据地质差异进行调整，以确保监测网络对各类地质环境问题的灵敏性和全面性。

在监测网络中，地下水位的监测是至关重要的。地下水位的波动直接关系到水资源的可持续利用，对于防范地质灾害和维护生态平衡具有重要作用。同时，土壤质量的监测能够及时发现土壤污染和退化情况，为合理的土地利用和农业生产提供科学依据。

地震活动的监测是地质环境监测网络中的关键一环。通过监测地震活动，我们可以及时预警潜在的地质灾害风险，降低其对人类社会的危害。此外，对于地质灾害易发区和自然保护区的监测也是监测网络的重要任务，以保障这些区域的可持续发展和自然生态系统的稳定。

监测网络的建立不仅需要关注监测站点的数量和分布，还需要考虑监测手段的科学性和先进性。先进的监测技术和设备将为监测网络提供更为精准的数据支持，有助于深入了解地质环境的动态变化。

地质环境监测网络的建立和维护是地质环境政策实施的基础，通过实时监测数据，政府和相关机构能够及时了解地质环境的变化趋势，为政策调整和科学决策提供有力支持。这一系统性的监测网络有助于提高对地质环境问题的监测和预测水平，从而更好地保护人类社会和自然生态系统免受地质环境的不利影响。

### （二）数据收集与分析

1. 多源数据的收集

地质环境监测数据的多源收集是确保政策实施效果评估的关键一环。在建立全面的数据收集系统时，我们应当充分整合遥感数据、实地调查数据、实验室分析数据等多种来源的信息，以全面获取地质环境的详尽信息。

首先，遥感数据在地质环境监测中具有独特的优势。遥感技术能够提供大范围且高分

辨率的地表信息，包括地形、植被覆盖、土地利用等，为地质环境的动态变化提供直观且全面的观测数据。这种远程感知的手段为实时监测和长期趋势分析提供了强大的支持。

其次，实地调查数据是获取地质环境详细信息的基础。通过对具体地区的实地调查，我们可以收集到地下水位、土壤质量、植被状况等真实的地质环境数据。这种方式不仅能够验证遥感数据的准确性，还能够发现遥感技术无法捕捉到的特殊情况，为全面了解地质环境提供有力支持。

另外，实验室分析数据是对地质环境元素进行深入研究的关键。通过对样本的实验室分析，我们可以获取更为精准和具体的地质环境数据，包括土壤成分、水质特征等。这种高精度的数据为科学研究和决策提供了重要依据。

在政策实施过程中，各项活动产生的数据也是评估政策效果的重要组成部分。例如，资源开发的产量、矿区恢复的效果等直接关系到地质环境的可持续性和可恢复性。这些活动产生的实际数据可以通过监测系统进行实时记录，为政策效果的评估提供实际依据。

通过多源数据的收集和整合，地质环境监测系统能够形成更为完备和全面的数据集，为科学决策、政策调整和环境保护提供有力支持。这种多源数据的综合利用有助于更好地理解地质环境的复杂性，为可持续发展和生态保护提供科学依据。

2.专业分析手段的运用

对于收集到的大量地质环境监测数据，专业分析手段的运用是深入理解数据背后规律性和关联性的不可或缺的步骤。采用先进的地理信息系统（GIS）、遥感技术、数学建模等手段，我们能够在数据海洋中挖掘出有价值的信息，从而为科学决策和政策调整提供科学依据。

地理信息系统（GIS）是一种集成地理空间数据、管理、分析和可视化的强大工具。通过 GIS，我们可以将各类地质环境数据以地图形式展示，帮助决策者更直观地了解地质环境的时空分布。GIS 还能够进行空间分析，发现地质环境中存在的模式和趋势，从而指导合理的资源配置和环境管理。

遥感技术是通过卫星、飞机等远距离感知手段获取地表信息的技术。遥感数据具有广覆盖、实时性等特点，可以为地质环境监测提供大范围、高分辨率的数据。在专业分析中，遥感技术可以用于监测地表覆盖变化、植被状况、土地利用等，为政策制定和调整提供客观依据。

数学建模则是通过建立数学模型，模拟和预测地质环境的变化。数学模型可以基于已有的监测数据，通过数学方程描述地质环境的复杂过程，帮助理解各种环境变量之间的关系。这种定量的分析方法为科学决策提供了精确的数据支持，有助于更好地了解地质环境系统的动态特征。

## 二、地质环境政策对地方与全球可持续发展目标的贡献

地质环境政策的实施对地方和全球可持续发展目标都有着积极的贡献。具体表现在：

## （一）地方层面

### 1.提高资源可持续利用效率

地质环境政策的实施在提高资源的可持续利用效率方面发挥着关键作用。该政策通过规范资源的勘查、开发和利用等环节，以减少资源浪费、促进资源的可持续利用，为地方可持续发展注入新的活力。

在资源管理的过程中，地质环境政策重视规范资源的勘查工作。通过科学合理的资源勘查，政府能够更准确地了解地质资源的分布、储量和质量等关键信息。这有助于制定科学的开发规划，确保资源的可持续供给。勘查工作的规范化也能够减少资源的盲目开采，降低对环境的不可逆破坏，实现资源开发与环境保护的良性互动。

在资源开发环节，地质环境政策要求制定严格的规划和标准，确保开发活动在合法、科学的基础上进行。政府可以通过合理的区域规划，引导资源开发朝着可持续的方向发展，防止开采活动对地质环境造成长期的负面影响。此外，政策还可以通过激励机制，鼓励企业采用清洁、高效的技术，提高资源利用的技术水平，降低资源开发对环境的压力。

资源利用环节也是地质环境政策关注的重点。政策可以通过制定合理的资源利用法规，引导社会逐步运用更加节约型、循环型的资源利用方式。鼓励科技创新，推动绿色产业的发展，从而减少对有限资源的依赖，提高资源利用效率。

### 2.减少地方环境破坏

地质环境政策的着眼点在于减少地方环境的破坏，通过一系列的规范和引导措施，有效保护地方的自然环境。对于地方容易发生地质灾害的区域，政策的引导作用在于限制建设活动，以降低潜在的灾害风险。通过科学合理的区域规划和土地利用管理，政府能够避免在地质灾害易发区进行过度开发，从而减少对地方环境的不可逆转的破坏。

土地利用规划在地质环境政策中占据重要地位。政策要求在城市建设和农村发展规划中，充分考虑地质环境特征，避免在潜在地质灾害的区域进行大规模建设。通过合理规划城市绿地，政府可以减缓城市热岛效应，改善当地环境质量。对于农村规划，政策要求合理布局农田，避免在容易发生水土流失的区域进行农业活动，以保护土壤资源。这些规划措施有助于在地方层面实现经济发展和地质环境保护的双赢。

此外，地质环境政策还注重保护地方的生态系统，维护生物多样性。通过明确的生态系统保护目标，政府可以制定一系列措施，限制对生态系统的损害，确保生物多样性的持续存在。这包括在自然保护区设定合理的管制措施，以保护珍稀濒危物种的栖息地，维护整个生态系统的平衡。

### 3.提高当地居民生活质量

通过地质环境政策的规范和实施，当地居民能够享受到更好的生态环境和提高资源利用条件，从而提高其生活质量。其中，政策对水质的改善是一个重要的方面。政府通过减少污染源对水源的影响，有效防止水体受到污染，保障了水源的纯净性。这种改善直接影响着当地居民的饮用水质量，为其提供了更为安全、健康的生活条件，提高了生活水平。

另外，政策通过推动可持续的资源管理，促使地方居民更加充分地享受到当地资源。通过规范资源的开发和利用，政府可以避免过度开采，确保资源的长期稳定供应。这对于当地居民的生活条件有着积极的影响，保障了他们的资源需求。例如，对于农村地区而言，合理的土地利用规划有助于维护土壤的肥沃度，提高农田的产量，从而改善农民的生计条件。

此外，政策的实施也对居民的生活环境产生积极影响。通过在地质灾害易发区限制建设活动，政府确保了居民住房的相对安全。同时，在城市规划中合理规划城市绿地，有助于减缓城市热岛效应，提高城市居民的舒适度。

4. 稳定地方社会发展

地质环境政策的实施对于地方社会的稳定发展起到了关键性的作用。在政策引导下，通过对资源的合理管理和对环境的有效保护，地方社会得以实现整体稳定，从而为经济的可持续发展和社会的和谐稳定奠定了基础。

首先，地质环境政策的制定和实施促使了地方资源的合理利用。通过规范资源的开发、勘查、利用等活动，政策引导地方实现了资源的可持续利用，避免了过度开采和浪费。这有助于维护地方的资源稳定性，保障了地方社会对于各类资源的需求，为经济的可持续发展提供了有力支持。

其次，地质环境政策注重环境保护，有助于地方社会的和谐稳定。政策的实施通过限制污染源、保护生态系统等措施，维护了地方的生态平衡。这不仅提高了当地居民的生活质量，也有助于社会的健康发展。环保举措的实施，使得地方社会免受严重的环境破坏，增加了居民对社会的认同感和满意度，进而促进了社会的和谐稳定。

此外，政策的引导还有助于协调地方各部门的利益关系，形成共同的可持续发展理念。通过明确资源开发和环境保护的原则，政策促使地方达成了共识，加强了各方的协作，有助于防止资源争夺和环境冲突，维护了地方社会的整体稳定。

## （二）全球层面

1. 减少资源浪费和环境污染

地质环境政策的实施对于减少全球资源浪费和环境污染产生了显著的影响。这一政策的关键目标在于规范资源的勘查、开发和利用，从而降低对有限资源的过度开采，减少环境污染的产生，以此符合全球可持续发展目标中有关资源利用和环境保护的要求。

首先，政策通过规范资源的勘查和开发活动，确保资源的可持续利用。在资源勘查方面，政策要求科学合理地了解资源分布和储量，避免在过度勘查的同时浪费资源。在资源开发方面，政策限制过度开采，鼓励采用先进的开发技术，以提高资源的利用效率。这有助于减少资源的浪费，确保资源的长期供应。

其次，政策强调环境保护，降低环境污染的程度。在资源开发和利用过程中，政策规定必须遵循环保原则，采取措施减少产生的废弃物和有害物质。同时，政策还规范排放标准，限制对水、土壤和大气的污染，确保资源的开发过程不会对环境造成不可逆转的破坏。

此外，政策鼓励推动绿色技术和循环经济的发展。通过科技创新，政策促进资源的更加有效利用，降低了对资源的依赖性。循环经济理念的引入，使得废弃物能够得到更好的处理和再利用，减少了对新资源的需求，从而减轻了资源的开发压力和环境的污染。

地质环境政策的实施通过规范资源勘查和开发、强调环境保护及促进绿色技术和循环经济的发展，为减少全球资源浪费和环境污染提供了科学的方向和可行的路径。

2. 保护全球生态系统

地质环境政策的实施在全球范围内对生态系统的保护发挥着至关重要的作用。这一政策通过规范资源的开发和强化生态环境保护，为维护全球生态平衡、减缓气候变化的速度作出了关键性的贡献。其影响主要体现在以下几个方面：

首先，地质环境政策通过规范资源的开发，限制了对自然生态系统的过度损害。政策要求在资源开发的过程中遵循生态原则，采取措施保护生态系统的完整性。这有助于维持各地生态系统的平衡，保护濒临灭绝的物种，减缓生物多样性的丧失。

其次，生态环境保护政策要求对生态脆弱区域进行特殊保护。例如，政策可能明确规定对于自然保护区和湿地等特殊区域的资源开发要有严格的限制，以确保这些区域的生态系统得以有效保护。这种差异化的管理有助于在资源利用和生态保护之间取得平衡。

此外，地质环境政策对于气候变化的影响也至关重要。通过减少对矿产资源的过度开采和化石燃料的使用，政策有助于减缓温室气体的排放，降低全球气温上升的速度。这与联合国可持续发展目标中关于气候行动的目标一致，为全球应对气候变化提供了实际行动的支持。

# 参考文献

[1] 魏路，刘建奎，肖永红，等.安徽省地质环境承载能力评价[J].地质通报，2020，39（1）：102-107.

[2] 李萍，叶辉，谈树成.基于层次分析法的永德县地质灾害易发性评价[J].水土保持研究，2021，28（5）：394-399.

[3] 窦晓东，贾昊冉.兰州城市典型区段地质环境承载力评价及国土空间开发利用建议[J].甘肃地质，2022，31（4）：59-69.

[4] 刘治政，朱恒华，王晶晶，等.GIS层次分析法在地质环境保障能力评价中的应用：以山东半岛蓝色经济区为例[J].山东国土资源，2021，37（12）：93-99.

[5] 贾晗，刘军省，殷显阳，等.安徽铜陵硫铁矿集中开采区矿山地质环境评价研究[J].地学前沿，2021，28（4）：131-141.

[6] 王秋波.胡家峪铜矿区基于层次分析—模糊综合评价法的地质环境评价[J].有色金属（矿山部分），2022，74（3）：116-122.

[7] 秦世夕，王剑，彭钦，等.龙场煤矿矿山地质环境影响模糊综合预测评价[J].西部资源，2019，93（6）：126-128.

[8] 孙厚云，吴丁丁，毛启贵，等.基于遥感解译与模糊数学的矿山地质环境综合评价：以戈壁荒漠区某有色金属矿山为例[J].矿产勘查，2019，10（3）：682-689.

[9] 张云鹏，马雪坤，王浩.基于模糊综合评判的凤良铁矿地质环境影响评价研究[J].化工矿物与加工，2018，47（4）：38-41.

[10] 麻茹，赵龙波，王明君.宝日希勒矿区矿山地质环境承载力评价研究[J].西部资源，2018，83（2）：56-58.

[11] 肖信锦，王慧娟，黄金，等.集残留置浸矿的离子型稀土浸-淋一体化工艺研究[J].中国稀土学报，2024，42（3）：549-558.

[12] 秦磊，胡世丽，宋晨曦，等.离子型稀土尾矿的氨氮淋洗去除[J].中国有色金属学报，2021，31（5）：1395-1404.

[13] 肖信锦，黄金，王慧娟，等.离子型稀土柱浸过程铵与稀土的分布及传质行为研究[J].中国稀土学报，2024，42（2）：275-283.

[14] 郭学飞，王志一，焦润成，等.基于层次分析法的北京市地质环境质量综合评价[J].中国地质灾害与防治学报，2021，32（1）：70-76.

[15] 李炳武，马立柯.探矿工程在地质资源勘查研究中的作用[J].世界有色金属，

2019（2）：119.

[16] 董天波.地质资源勘查中地质工程的作用及其发展探索[J].地质勘探，2018（3）：175-176.

[17] 王金明.地质资源勘查中地质工程的作用及发展[J].世界有色金属，2018（9）：252-253.

[18] 李龙，蒋涛.矿山地质资源勘查与找矿工作中应注意问题研究[J].世界有色金属，2019（9）：77.

[19] 董宏.地质矿山工作中勘查与找矿技术应用[J].世界有色金属，2017（23）：85.

[20] 刘祖文，王华生，朱强，等.南方离子型稀土原地溶浸土壤氮化物分布特征[J].稀土，2015，36（1）：1-5.

[21] 徐星，陈斌，霍汉鑫，等.离子型稀土原地浸矿场清水淋洗室内模拟试验研究[J].有色金属（矿山部分），2021，73（5）：128-131.

[22] 张军，胡方洁，刘祖文，等.离子型稀土矿区土壤中铵态氮迁移规律研究[J].稀土，2018，39（3）：108-116.